美丽猫咪图鉴

（日）福田丰文　摄影
（日）今泉忠明　监修

王春梅　译

辽宁科学技术出版社
·沈阳·

图书在版编目（CIP）数据

美丽猫咪图鉴 /（日）福田丰文摄影；（日）今泉忠明监修；王春梅译. —沈阳：辽宁科学技术出版社，2023.4

ISBN 978-7-5591-2903-1

Ⅰ. ①美…　Ⅱ. ①福…　②今…　③王…　Ⅲ. ①猫—驯养—图集　Ⅳ. ① S829.3-64

中国国家版本馆 CIP 数据核字（2023）第 024713 号

出版发行：辽宁科学技术出版社
（地址：沈阳市和平区十一纬路25号　邮编：110003）
印 刷 者：辽宁新华印务有限公司
经 销 者：各地新华书店
幅面尺寸：145mm × 210mm
印　　张：8
字　　数：150千字
出版时间：2023年4月第1版
印刷时间：2023年4月第1次印刷
责任编辑：康　倩
版式设计：袁　舒
封面设计：袁　舒
责任校对：徐　跃

书　　号：ISBN 978-7-5591-2903-1
定　　价：59.80元

联系电话：024-23284367
邮购热线：024-23284502
邮　　箱：987642119@qq.com

福田丰文

FUKUDA TOYOFUMI

1955 年生于日本佐贺县。动物摄影师。从商业摄影工作室离职后，成为一名独立的自由摄影师。目前活跃于各种动物的摄影工作中，拍摄对象包含野生动物、动物园动物、宠物狗和宠物猫。负责摄影工作的书籍有《活灵活现的猫图鉴》《全猫种百科全书》等。

今泉忠明

IZUMI TADAAKI

1944 年生于日本东京。从东京水产大学（现东京海洋大学）毕业后，在日本国立科学馆学习哺乳动物分类学和生态学。曾任上野动物园动物解说员、猫博物馆馆长、日本动物科学研究所所长。目前在奥多摩和富士山进行自然调查。除了畅销书《遗憾的生物辞典》之外，他还监督出版了许多图鉴类书籍。

美国短毛猫

现实版招财猫

呼唤幸运的小猫，抬起右手招财进宝，抬起左手千万客来。来看看这些现实版的招财猫，它们在召唤什么呢?

挪威森林猫

布偶猫

挪威森林猫

英国短毛猫

英国短毛猫

祈愿猫

有时候声嘶力竭，有时候含情脉脉，有时候高高跃起的祈愿猫们。那么，它们祈愿以后会得到什么呢？是猫粮？是小鱼干？还是……姿势好可爱呀！

德文莱克斯猫

斯芬克斯猫

挪威森林猫

欧西猫

俄罗斯蓝猫

沙特尔猫

猫猫锅

“能进的地方一定要进去。”猫就是这样的一种生物，管它篮子还是锅，反正钻进去再说！这种不符合生物法则的动物真是好可爱！

英国短毛猫

拿破仑猫

美国短毛猫

斯芬克斯猫

猫猫肚

猫猫一露出小肚皮，喜欢猫的人就会自动把脸埋进去。就算是短毛猫，那种又软又温暖的肚肚也充满魅力。

美国卷毛猫

美国卷毛猫

阿比西尼亚猫

挪威森林猫

苏格兰折耳猫

孟加拉猫

芒奇金猫（长腿）

美猫回头杀

美猫一转头，那圆润的后背和清澈的双眸，让人无比想拥入怀中的姿态，简直无法用语言来形容。来看看美人……哦不！美猫的回头杀吧！

塞尔柯克雷克斯猫

芒奇金猫

美国短毛猫

缅因猫

埃及猫

挪威森林猫

战斗猫

面孔可爱，但又特别适合做出战斗的姿势。来看看猫咪的战斗姿势集锦，是不是它们狩猎的习性苏醒了呢?

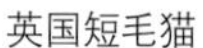
英国短毛猫

东京猫

挪威森林猫

沙特尔猫

德文雷克斯猫

成精猫

古时候起，就流传着很多猫咪成精的传说，而且成精以后形态各异。看看这里，不仅有管家，还有国王呢！

波斯猫

斯芬克斯猫

缅甸猫

塞尔凯克卷毛猫
长得酷似奶牛的猫
伯曼猫
啥？你说我像狸猫
苏格兰折耳猫
像狼一样帅气
索马里猫
他们说我长得好像猫头鹰

苏格兰折耳猫

进化猫

把世界各地的猫咪汇集在一起，发现了一些越看越不像猫的猫。像小牛的，像年糕的……真想亲眼见见。

波斯猫

个性猫

拍摄过程中一点儿不走心的猫猫们，却意外摆出了“神来之笔”的绝妙姿势。真是忍不住想给它们配音！

英国短毛猫

孟加拉猫

塞尔柯克雷克斯猫

俄罗斯蓝猫

康沃尔雷克斯猫

没电猫

刚才还蹦蹦跳跳玩儿个不停，却忽然像没电了一样进入梦乡。看着它们这种毫无防备的睡姿，是不是完全忘掉了自己野性的一面？

孟加拉猫

芒奇金猫

英国短毛猫

缅因猫

美国卷毛猫

伯曼猫

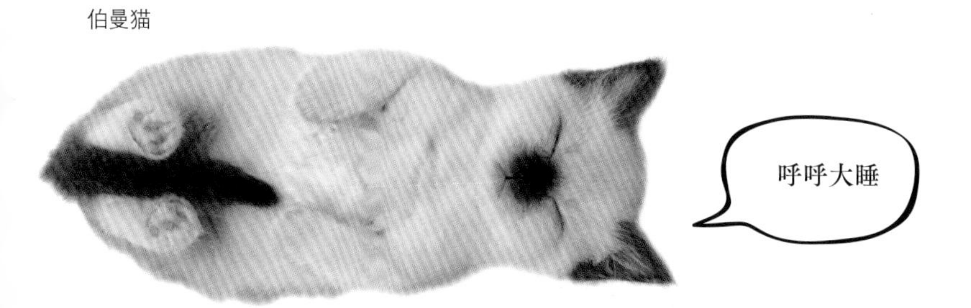

篇首语

我眼中的小猫

我因为喜欢拍摄动物的照片，所以成了摄影师，一路走来已经过去了 40 多年。在拍摄了那么多种动物以后，仍然感觉猫的魅力会让人越陷越深。

13 年前，我开始跟进猫展的拍摄工作。猫咪们的毛发生辉，有时候用天真无邪的大眼睛盯着我看，好像在骄傲地说“你看看我呀”。也有时候，它们看着我的眼神好像是发现了什么猎物一样，充满了好奇和渴望。侧旁，对猫咪倾注了无限爱意的繁育者们，就像在看自己家孩子一样，含情脉脉地盯着它们看。

他们对我说：“感谢您拍摄到了我家孩子最好看的姿势。”

这本书里，有一般宠物店里常见的猫咪，也有几乎不可见的稀少猫咪，共 49 个品种。

我们可以大概了解每种猫的特性和性格，但跟人类一样，猫咪个体之间的毛色、长相和性格千差万别。猫的魅力之处在于，它们是家人，是顽童，是陪在我们身边的给我们带来治愈的存在。我家里养的 4 只猫，每天都在等我回家。

希望各位读者能从本书的图片中获得治愈，也希望本书成为您了解猫咪的契机。如果阅读本书以后，想要找到喜欢的猫，或是想亲眼见见不同的猫，可以移步猫展哦。

目录

第一章

猫的历程回顾

第二章

颜值担当猫咪图鉴

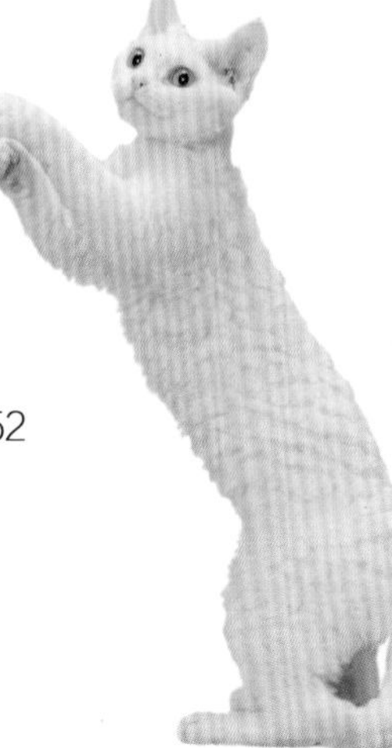

第三章

越了解越可爱的猫咪冷知识

第一章

猫的历程回顾

猫与人类相遇

家畜化的非洲野猫是所有家猫的祖先

据说是古埃及人驯养了猫。非洲野猫落脚于一个粮仓里以后开始抓老鼠，所以人们把它们当作可爱的小动物而多加关照。后来，据说在公元前 5000 年至公元前 4000 年之间，埃及人完成了对猫的家畜化驯养。

在埃及中部地区，有崇拜猫的文化。其中最为著名的是被称为生育女神的巴斯特。巴斯特的父亲曾征战蛇形黑暗之神并赢得了胜利。最初巴斯特的形象为雌狮，但在公元前 1000 年左右变成了长着猫头的女性形象。之后，巴斯特被尊为王朝的守护神，并被供奉在专为她建造的寺庙里。至此，家猫被视为神猫，死后会被制成木乃伊以后厚葬。有一个轶事说，在公元前 525 年，波斯人进攻埃及时，研究出了一条专门对付埃及士兵的秘密计谋——那就是把猫绑在盾牌上。据说因为这个计谋，埃及在转瞬之间沦陷，而对猫的信仰也就此迎来终结。

然而，最近的研究表明，猫和人类并非初识于埃及。人们在塞浦路斯的一座公元前 8000 年左右的废墟中发现了人类和非洲野猫的遗骸。另据2007年发表的研究成果，对全世界979只家猫的DNA进行分析后得知，家猫的祖先是大约13万年前生活在中东沙漠里的非洲野猫的一个亚种。

不管怎么说，从很久很久以前开始，一直魅惑着人类的猫咪已然成为人类生活中不可缺少的风景，同时也是一直陪伴着人类的好伙伴。

埃及的神——巴斯特

（原型为古埃及神话中的猫神Bastet）

日本猫是如何跨越丝绸之路的

猫是什么时候进入日本的呢？比较流行的说法是，猫是在奈良时期从中国来到日本的，最早出现在文献中的记录是平安初期的作品中。书中描写了人们去世后转世投胎变成猫的故事。另外，在著名的《源氏物语》中，光源氏的妻子女三宫就养了一只猫。

但在 2008 年，出现了一个几乎颠覆这个说法的大发现。在长崎县的壹岐岛上，唐神遗迹里出现了一块类似猫骨的骨头。经日本奈良国立文化财产研究所鉴定，确认这块骨头并非来自野猫，而是家猫，并且确定是生活在弥生时代的猫。由此，我们可以确定日本可靠的猫史要比之前的推测久远很多。

此外，关于猫（neko）这个名字的由来有多种说法。有一种说法是因为它总是在睡觉，所以被称为"睡着的孩子"。还有一种说法，是因为猫的叫声被拟声为"neuko"，由此而得名。

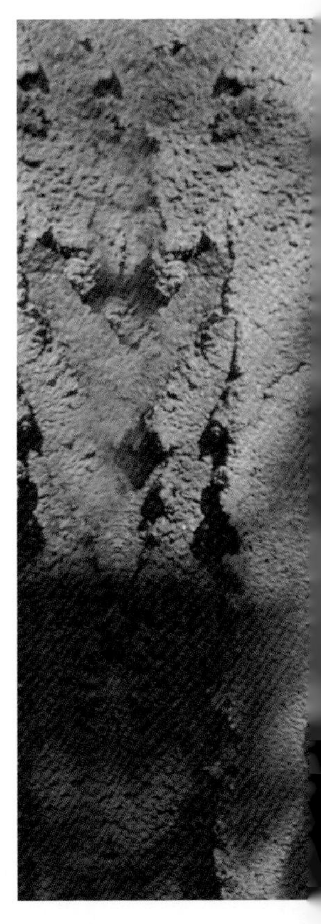

非洲野猫

作为幸运猫的代表，“招财猫”的发祥地是东京都市田谷区的豪德寺。江户时期，井伊直孝途经豪德寺的时候，看到有一只猫在向他招手，过去看的时候刚好躲过了骤降的暴雨。现在，日本很多供奉猫的寺庙里都设有“招福殿”，狭小的空间里摆着很多招财猫。

另外，在江户时代，人们为了捕捉老鼠养了很多猫。当时“黑猫祛病”的说法广为流传，这让黑猫成为抢手的招福猫，一度供不应求。

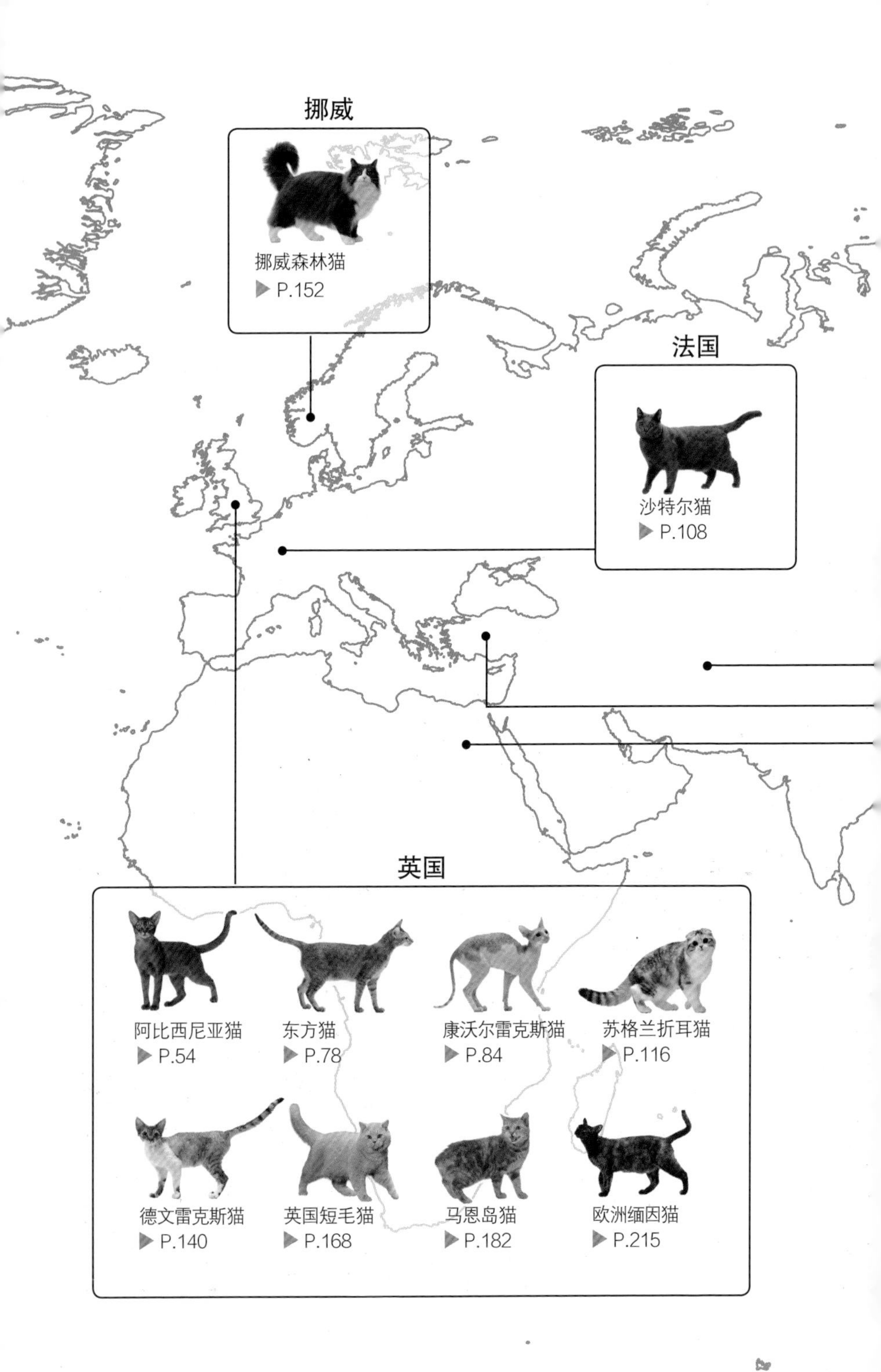
挪威
挪威森林猫
▶ P.152
法国
沙特尔猫
▶ P.108
英国
阿比西尼亚猫
▶ P.54
东方猫
▶ P.78
康沃尔雷克斯猫
▶ P.84
苏格兰折耳猫
▶ P.116
德文雷克斯猫
▶ P.140
英国短毛猫
▶ P.168
马恩岛猫
▶ P.182
欧洲缅因猫
▶ P.215

猫的历史 欧美篇

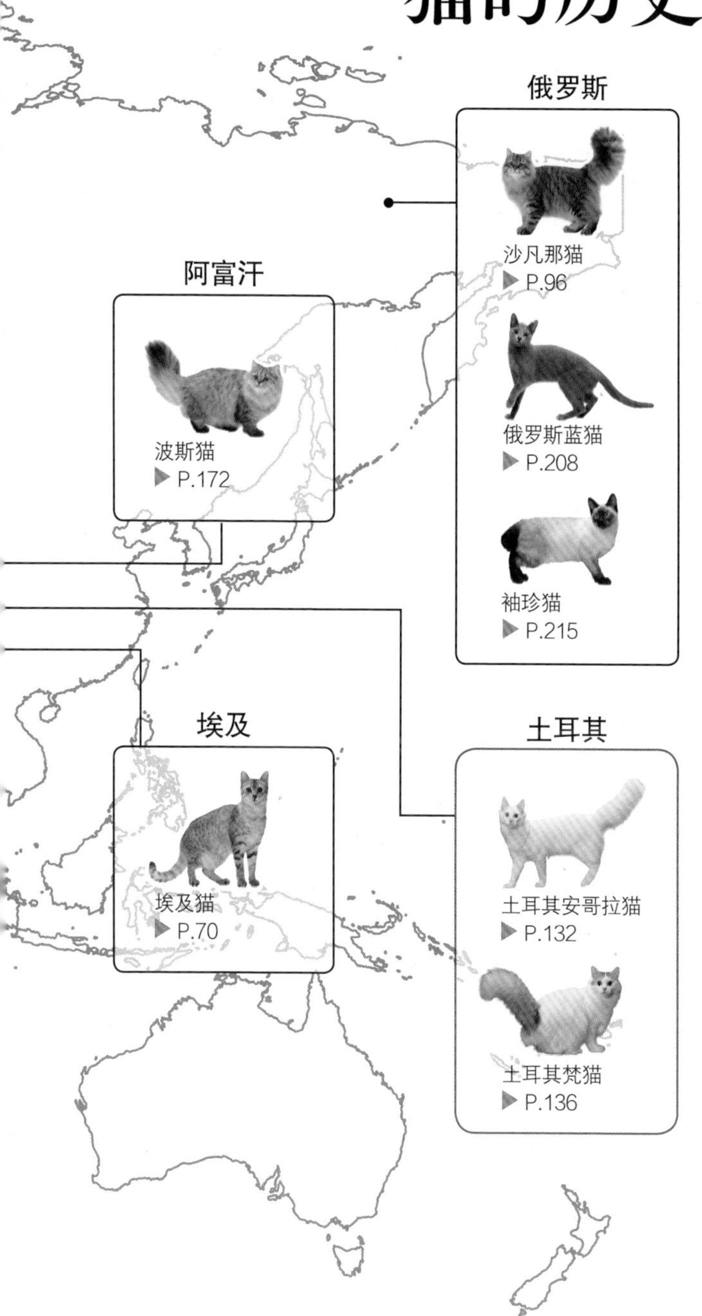

俄罗斯
沙凡那猫
▶ P.96
俄罗斯蓝猫
▶ P.208
袖珍猫
▶ P.215
阿富汗
波斯猫
▶ P.172
埃及
埃及猫
▶ P.70
土耳其
土耳其安哥拉猫
▶ P.132
土耳其梵猫
▶ P.136

加拿大
索马里猫
▶P.128
斯芬克斯猫
▶P.120
东京猫
▶P.148
威尔士猫
▶P.214
北美篇
美国
美国卷毛猫
▶P.58
美国短毛猫
▶P.62
异国短毛猫
▶P.66
欧西猫
▶P.74
金卡洛猫
▶P.82
沙凡那猫
▶P.96
塞尔柯克
雷克斯猫
▶P.124
玩具虎猫
▶P.144
巴厘猫
▶P.162
喜马拉雅猫
▶P.164
孟加拉猫
▶P.176
孟买猫
▶P.180
芒奇金猫
▶P.184
拿破仑猫
▶P.188
缅因浣熊猫
▶P.192
拉邦猫
▶P.202
褴褛猫
▶P.196
布偶猫
▶P.198
羊羔猫
▶P.206
美国刚毛猫
▶P.214
雪鞋猫
▶P.215

亚洲篇

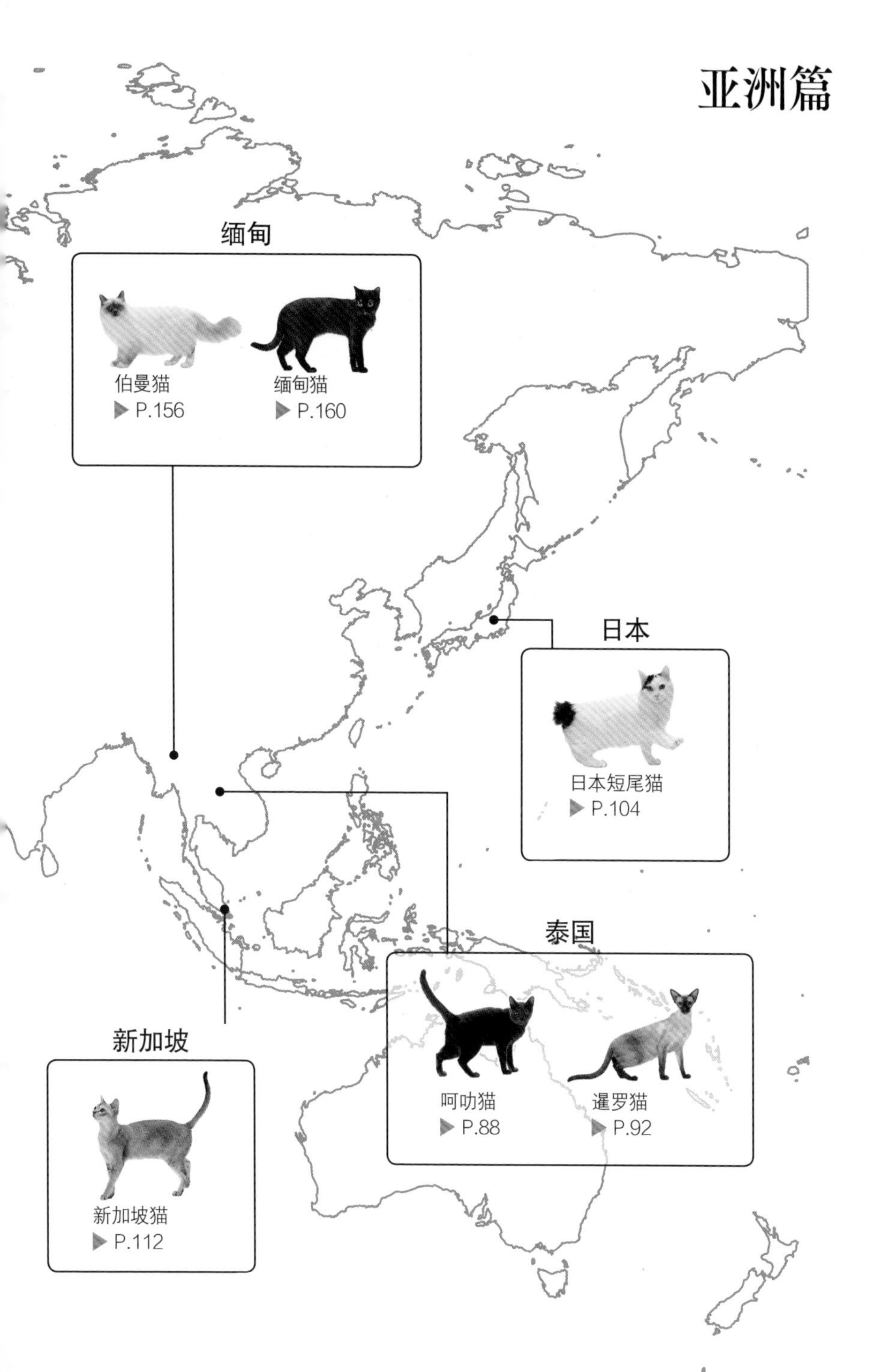

缅甸
伯曼猫
▶ P.156
缅甸猫
▶ P.160
日本
日本短尾猫
▶ P.104
泰国
呵叻猫
▶ P.88
暹罗猫
▶ P.92
新加坡
新加坡猫
▶ P.112

猫的体型

东方型

整体纤细瘦长的体型

东方猫

康沃尔雷克斯猫

暹罗猫

外国型

略瘦的细长体型

阿比西尼亚猫

索马里猫

俄罗斯蓝猫

半短躯短腿型

骨骼粗壮，躯干偏长

异国短毛猫

缅甸猫

波斯猫

长而坚实型

有重量感的大体型

欧洲缅因猫

挪威森林猫

孟加拉猫

猫的毛色·花纹

纯色

没有斑点和条纹等图案的单色毛发

白色

黑色

灰色

红色

猫的被毛分为身体表面的长硬“上被毛”和接近肌肤的细柔“下被毛”两种。

虎斑

有斑点或条纹等毛色

条纹虎斑

斑点虎斑

细纹虎斑

经典虎斑

金和银

根部是白色，毛尖是金色或银色的毛发

金吉拉金色

金吉拉银色

烟熏色

上被毛的前1/2部分有颜色

上被毛前面覆盖着颜色的金吉拉、烟熏等毛色叫作尖点色。

蓝烟熏

黑烟熏

混色

混合着2种颜色的毛发

三色

玳瑁色

三色和双色

身体的1/2~1/3为白色，全身共有2种以上的颜色

黑色和白色

三色

斑点和白色

身体的1/2~1/3为白色，同时有斑点或条纹

红色条纹虎斑和白色

蓝银色斑点和白色

银色条纹和白色

棕色条纹和白色

重点色

头、耳、脚、尾等身体的一部分有颜色

海豹重点色

貂皮重点色

丁香重点色

重点色和白色

身体一部分有颜色，同时有白色毛发

蓝色重点色和白色

双色海豹重点色和白色

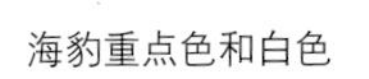

海豹重点色和白色

第二章

颜值担当
猫咪图鉴

最大的魅力是美貌和开朗

阿比西尼亚猫

Abyssinian

红猫始祖

得到 TICA 认证的种类共 5 种，包括红褐色、红色（肉桂色）、蓝色、小鹿色和银色。眼睛有 2 种颜色，分别是绿色和金色。

小鹿色

蓝色

需要频繁梳毛

请选择胸部和足部没有花纹，被毛有光泽的个体。因属于短毛猫，需要频繁梳毛。不要让它们长得太胖。

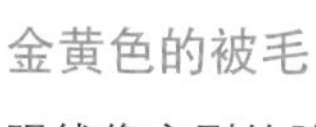

金黄色的被毛

眼线像京剧的脸谱一样清晰可见，魅力十足。其特点是一根毛上有多种颜色的“细纹”，全部属于“细纹斑”花纹。

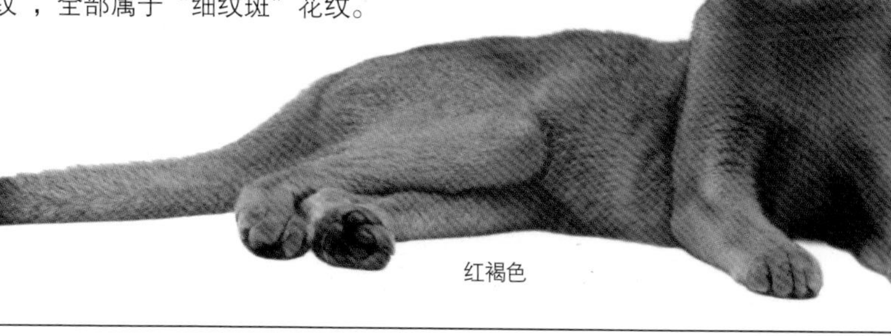

红褐色

原产国：英国

发生方式：自然发生

毛种：短毛

体型：外国型

颜色
（部分颜色）

红褐色　红色

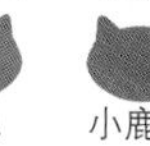

蓝色　小鹿色

银色

花纹
（仅细纹斑）

细纹斑

有关“埃及艳后爱猫”的轶事

身体柔软，肌肉发达，杏眼大耳，这些都是属于阿比西尼亚猫的特征。阿比西尼亚猫的历史悠久，在公元前 3000 年左右的壁画和雕刻中就已经出现了关于它们的美术作品。据说，一直被埃及艳后精心呵护的爱猫，就是阿比西尼亚猫。

据说，这是最古老的猫种。近年来，通过对 DNA 的解析，人们得知它们继承了印度孟加拉国海岸地区的猫的遗传基因。古时候，埃及人从亚洲进口的猫数量激增。1868 年的战争结束后，英国士兵带猫从阿比西尼亚（埃塞俄比亚旧称）回国，与英国当地猫交配后得到了现在的阿比西尼亚猫。这种猫具有很高的人气，易于购买。寿命 10~13 年。

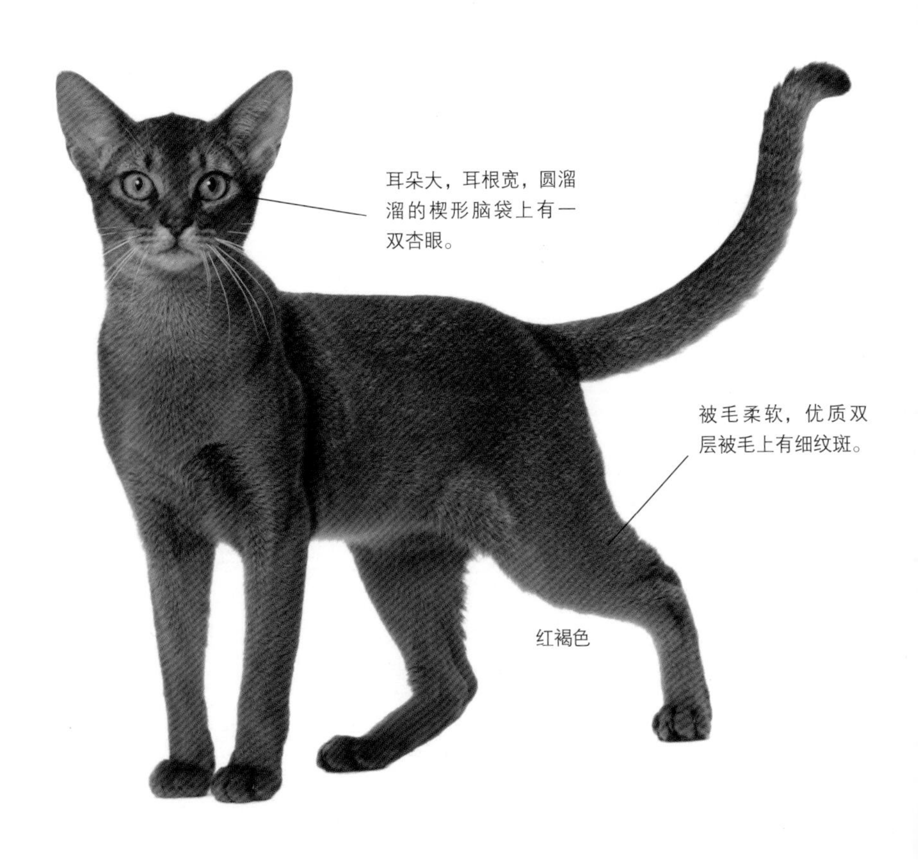

像小狗一样喜欢撒娇的猫

阿比西尼亚猫虽然充满着神秘的美感和气质,但性格活泼好动。清醒理智、感情丰富，对主人忠诚，是个优秀的小伙伴。大多数的个体都喜欢撒娇，常被人称为“像小狗一样的猫”。声音像铜铃一样悦耳，不少个体在听到主人召唤的时候会蹦蹦跳跳地跑过来，然后软声细语地跟主人搭话。好奇心强，喜欢玩耍。但偶有神经质、怕生人的个体。

看起来好像踮脚站着，被称为“芭蕾舞者”。需要较大活动量，家里要安排有高低落差的猫台，以帮助猫咪释放压力。

红色

红色

小鹿色

连小翻耳都在卖萌

美国卷毛猫

American Curl

黑色

长毛和短毛并存

这个品种里既有长毛，也有短毛。下被毛少，手感像绢一样柔软。被毛不容易打结，便于打理。

玳瑁重点色和白色

丰富的花纹和图案

几乎拥有各种颜色，很多主人从猫妈妈怀孕开始就畅想会见到什么样的小猫。作为新猫种，其身体健康，易于饲养。

红鲭鱼斑和白色

重要的小耳朵

因为翻耳，所以软骨比较结实。耳垢很难掉出来，要记得定期进行耳部清洁。从小猫的时候开始让它们习惯擦耳朵，长大了才不会抗拒。

原产国：美国

发生方式：突然变异

毛种：短毛、长毛

体型：半短躯短腿型

忽然出现的小可爱

事情发生于 1981 年，美国加利福尼亚州的一对夫妻家门前，忽然出现了 2 只耳朵后翻的小猫。夫妻二人把小猫抱进家里，并看着它们又生出了一窝小猫。新出生的 4 只小猫里，有 2 只耳朵也是后翻的。从此，真正的美国卷毛猫诞生了。

独特的耳朵，在出生后 1 周左右开始卷曲。卷曲的程度个体间有差异，卷曲程度在 90° ~180° 。这是忽然变异出现的品种，已确认对健康没有影响。目前有很多家庭都在饲养。

棕红混色鲭鱼斑和白色

昵称为“彼得潘”

可爱的外形和天真无邪的性格，被人们亲切地称为“彼得潘”。因为可以与家猫交配，所以性格非常多样。说它们好奇心旺盛吧，也有的总是怯生生的，不敢靠近人，但无一例外都是很好的家庭伙伴。聪明、深情，时时刻刻想待在主人身边，时不时就会阻碍主人的工作或学习。人们对这个猫种的评价通常是，“一直都像长不大似的，天真可爱”“像小狗一样擅长表达感情”。

毛发有长有短，颜色多种多样。日本鲜有业者在从事繁育美国卷毛猫的工作，但通常可在宠物博览会上入手。

棕色鲭鱼斑和白色

棕色鲭鱼斑和白色

拥有代表性的棕眼小猎人

美国短毛猫

American Shorthair

银色古典斑纹

魅惑的经典斑纹

银色发光的被毛当中，清晰可见漩涡状花纹，这可是美国短毛猫的经典被毛。当然，也有无花纹的纯色个体。毛色和价格有一定关系。

红色古典斑纹

又厚又硬的被毛独具特色

被毛的质地坚硬而有厚度。根据季节换毛，以调节身体温度。换季时需要认真刷毛。

蓝色古典斑纹

越长大颜色越鲜艳

伴随着成长，拥有古典斑纹被毛的个体身上通常会出现漩涡状花纹。只要看到它们优美的姿态，就能让人感受到幸福。

原产国：美国

发生方式：自然发生

毛种：短毛

体型：半短身型

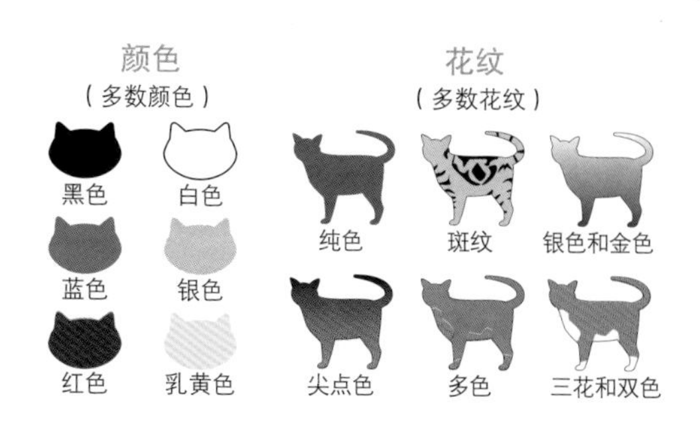

最久远的溯源是英国短毛猫?

美国短毛猫，被人昵称为“美短”，是美国猫的代表。

据说在 1620 年抵达美国的五月花号航船上，有一位船员竟然是精神焕发的英国短毛猫。在 2 个多月的航海生活中，它大展身手，与船上的小老鼠斗智斗勇，登陆美洲之后更是一边保护农作物一边与开拓者们同甘共苦。

时代变化，如今美国短毛猫已经成为人气宠物，但好在它们身上的猎手特质仍然存在。有时候见到生人会暴露出较为强烈的戒备心，除此之外基本上都很温顺。

银色古典斑纹

在日本有稳定的粉丝团

在日本，别具特色的漩涡状古典斑纹一直都是人气焦点。包含纯色个体在内，这个品种的毛色种类超过 70 种。因为曾经与人类共同劳作，它们的身体上仍然有很浓厚的劳动猫咪本色。例如发达的肌肉、粗大的骨骼等，生活中需要充足的运动量才行。它们性格和善，好奇心旺盛。大多数个体性格恬静，身体健康，喜好与人为伴。适合新手饲养。

体重多在 3~6 公斤之间，偶见偏重的雄性个体。需要充分考虑小猎人的本性，预防运动不足导致的肥胖。家里可以多准备一些上下跳跃的空间。

银色古典斑纹

红色古典斑纹

银色古典斑纹

像毛绒玩具一样的短毛波斯猫

异国短毛猫

Exotic Shorthair

颜色和花纹都很丰富

有白色、蓝色等纯色个体，还有虎斑纹个体，更有鲭鱼斑纹个体……因为各种配色都有，不用担心跟别人“撞猫”。

蓝色

黑色

容易打理的短毛

拥有厚实浓密的双层被毛。因为毛发短，比较容易打理。最好每天刷毛。

也有身带长毛遗传基因的个体

如果拥有长毛的遗传基因，是不可以被认证为异国短毛猫的。

棕色鲭鱼斑纹

原产国：美国

发生方式：人工育种

毛种：短毛

体型：短躯短腿型

偶然出现的短毛波斯猫

从前，有一猫舍主人突发奇想："要是让美国短毛猫和波斯猫交配，是不是能生出来银毛绿眼的美国短毛猫呢？"尝试的结果，居然是波斯猫面孔的短毛猫。这个完全颠覆了繁殖者预想的形象，最终作为一个全新的猫种得到世人的认可。圆溜溜的大眼睛、塌塌的小鼻子、远远分开的耳朵和圆脑袋，总之，除了毛短以外基本上都是属于波斯猫的特点。短短的被毛带给它们几分毛绒玩具般的气质，让它们短时间内就在全球流行。但毕竟身体里有长毛的基因，所以偶见长毛个体，这种时候，会被认定为异国长毛猫或波斯猫。在日本，异国短毛猫的人气也非常高。

特征是双眼距离较远，眼大、鼻子小和脑袋圆。

肌肉发达，抱在怀里特别有真实感。

双色

波斯猫的毛变短以后，性格也会更活泼?

毛质细腻而厚实。因为被毛短，日常打理要比波斯猫容易很多，有懒人波斯（The lazy man' s Persian）的说法。

与波斯猫相同，基本上都是平静柔和的和平主义者。叫声小，但是声调高。性格大条，被主人以外的人抱起来也不太在乎。同时拥有短毛猫的特性，是个好奇心强烈的乐天派。总之，就像一个咕噜咕噜会动的毛绒玩具一样。易于饲养，容易寂寞，喜欢撒娇。大多数个体无法忍受长时间独处，需要每天交流，主人需要倾注满腔的爱意。相对而言，适合多只一起饲养。

棕色混色虎斑纹和白色

棕色虎斑纹和白色

红色

传承了古埃及的神秘感

埃及猫

Egyptian Mau

自然产生的斑点

埃及猫浑身上下都散发着野性的气质，而在所有家猫当中，只有它们身上的斑点是自然产生的。其实在被毛下的皮肤上也有斑点，被毛中散发出闪光的魅力。

银色

具有很高人气

被毛颜色可分为银色、烟熏色和青铜色，眼睛通常是淡绿色的。行走之时散发的埃及风情非常惹人喜爱。

银色

巴斯特女神（Bastet）的象征

靓丽的眼线被画进了古老的埃及壁画中，让人过目不忘。据说古老的猫神巴斯特的原型就是埃及猫。

银色

原产国：埃及

发生方式：自然发生

毛种：短毛

体型：半短躯短腿型

颜色

（部分颜色）

烟熏色

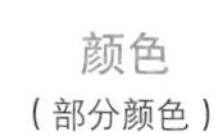

银色

青铜色

花纹

（仅虎斑）

虎斑纹（斑点）

传说中的女神的化身

在埃及语中，“Mau”的意思是猫。人们在公元前 1900 年以后的古埃及壁画和美术品中，已经发现了与埃及猫有相同斑点的女神形象。

12 世纪左右，埃及猫被出口到法国、意大利和瑞士，然后于 1956 年抵达美国。与拥有家猫血统的土著猫交配以后，埃及猫的样子才变成今天这个模样。眉眼的形状、纠结的表情，看起来好像有点儿忧心忡忡的样子，但它们其实活泼好动。

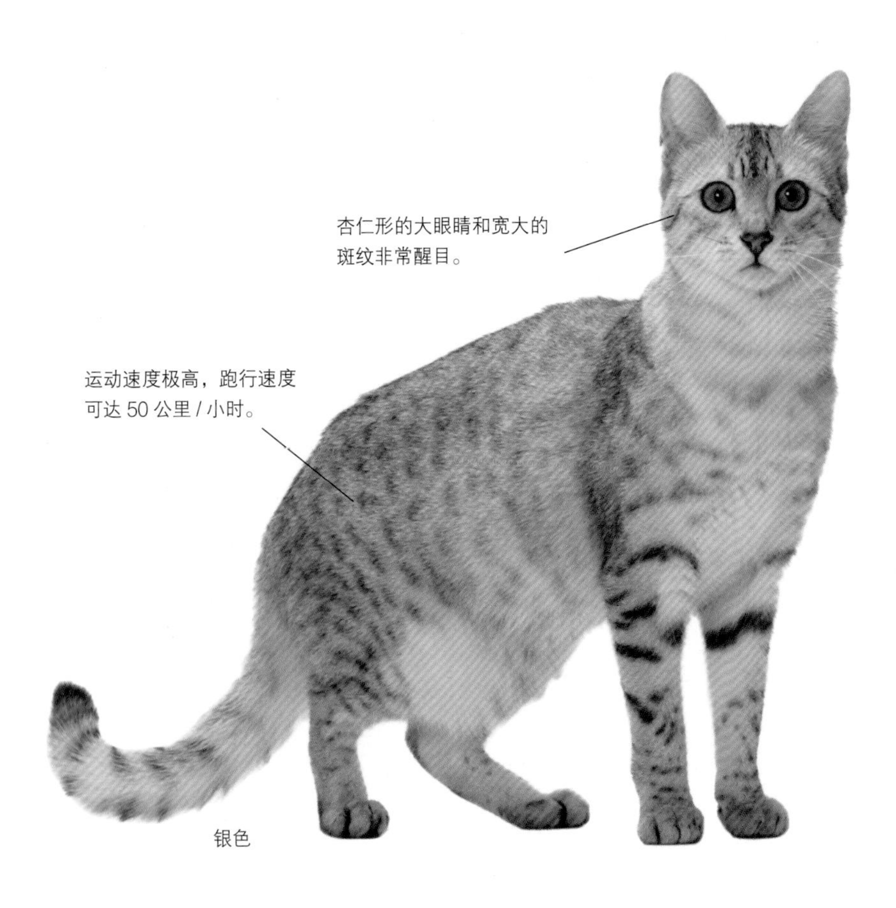

有的个体非常认生

它们有着像猎豹一样的斑点，也有着像猎豹一样敏捷的身手。它们非常聪明，非常爱玩，非常服从主人的命令，但是大多数的个体都有认生的个性，不擅长面对频繁变化的环境。当家里有很多客人来访的时候，它们多半会避而不见，主人应避免给它们带来压力。狩猎本能强烈，喜欢追逐球类和玩具。聪明，性格有点儿像容易驯服的小狗，很容易成为家人的好伙伴。需要大量活动，要搭建好游戏的环境，日常多互动、多做游戏。

另外，别具一格的斑纹并非从小就清晰可见，要 2 岁左右才能凸显出来。

银色

银色

银色

野性但友好

欧西猫

Ocicat

巧克力色斑纹

共计 12 种毛色

包括棕色、巧克力色、肉桂色、淡紫色、小鹿色和蓝色在内，共有 12 种颜色得到了认可。手感像丝绸般柔软。

巧克力色斑纹

独特的花纹魅力

欧西猫身上的花纹，是基于暹罗和阿比西尼亚交配产生的斑点，其中的漩涡状斑点尤为突出。颈部、躯干和尾巴上的图案各不相同。

眼睛多为黄色和棕色

由于色素的原因，欧西猫的眼睛颜色中没有蓝色和绿色，除此之外几乎都有。常见金色、黄色、铜色等野性十足的颜色。

巧克力银色斑纹

原产国：美国

发生方式：人工育种

毛种：短毛

体型：半短躯短腿型

颜色

（多数颜色）

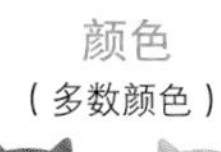

棕色

淡紫色

蓝色

巧克力色

肉桂色

小鹿色

花纹

（仅斑纹）

斑纹（斑点）

人工繁殖出的杰出斑点

“想繁殖一批有阿比西尼亚猫毛色的暹罗猫！”带着这样的念头，美国的猫舍主人让阿比西尼亚猫和暹罗猫交配，诞生出象牙底色之上有斑点的猫咪。开始的时候，这意料之外的毛色导致猫咪们成为宠物。但之后遗传学家在它们身体里发现了古老的埃及猫中身上才有的斑点基因！得知此事以后，猫舍的繁殖业者们奔走相告："暹罗猫、美国短毛猫和阿比西尼亚猫交配以后，竟然生出了类似豹猫的欧西猫！”

与孟加拉猫和埃及猫不同，欧西猫拥有人工配种而来的美丽斑点、从阿比西尼亚猫那里继承而来的细长尾巴，还有一身触感柔软的被毛。

巧克力色斑纹

野性外貌与亲人性格的反差萌

欧西猫的外表艳丽，很容易让人联想到野性的性格。但实际上，它们并没有孟加拉猫那种山猫野性，只有家猫般的顺服。性格沉稳开朗，属于“像小狗一样的猫”当中的一种，其中不乏能被主人叫过来、主人丢了球会跑去叼回来的个体。对主人非常忠诚。

性格与外貌相反，常见内心脆弱、喜欢撒娇的个体。需要与主人长时间亲密接触。这虽然能满足主人与猫咪亲昵的要求，但欧西猫不喜欢长时间自己留在家，也不擅长与其他猫咪竞争，适合家里一直有人的家庭饲养。

巧克力色斑纹

巧克力色斑纹

巧克力色斑纹

穿着彩色外衣的暹罗猫

东方猫

Oriental

各种颜色的暹罗猫

东方猫，可以说是带颜色的暹罗猫。白色、蓝色和虎斑、三花、重点色、各种颜色的组合，可谓色彩缤纷。

偶有长毛个体

多彩的毛色是其魅力所在，但别忘了当初它们可是以纯白碧眼的暹罗猫为目标的。虽然偶见长毛个体，但大多数被毛只能达到中等长度。

蓝色

蓝色鲭鱼斑纹和白色

身材比暹罗猫更高大

比小个子的暹罗大一圈，体重为3~5公斤。毛质丝滑艳丽。单层被毛，掉毛少，有便于打理的特征。

乌木银斑纹

原产国：英国

发生方式：人工育种

毛种：短毛、长毛

体型：东方型

颜色

（所有颜色）

乌木色

白色

蓝色

巧克力色

肉桂色

红色

花纹

（全部花纹）

纯色

斑纹

尖点色

多色

三花和双色

重点色

外形似暹罗猫，但是有无穷无尽的颜色和花纹

20 世纪 50 年代，第二次世界大战导致纯正的暹罗猫仅剩下区区几只。为了拯救它们，人们开始让它们与英国短毛猫、俄罗斯蓝猫和阿比西尼亚猫等短毛品种交配，结果就孕育出了形似暹罗猫，但是颜色和花纹多种多样的猫咪品种。其中，巧克力色被毛的猫咪来到美国，成为名叫哈瓦那的品种。此外的短毛品种都被统一命名为东方猫。据不完全统计，毛色和花纹的种类超过 300 种。

虽然很少见，但的确有些个体拥有中等长度的被毛，它们被认定为东方长毛猫。而体现出强烈的暹罗猫体征的个体，会被归类为暹罗猫。

巧克力色鲭鱼斑纹

唠唠叨叨引人注意的性格

东方猫的被毛颜色虽然多样，但身体里依然住着暹罗猫的灵魂。面部表情冷酷，实则大多数个体都拥有开朗的性格，时不时就会向主人表达自己的爱意。

另一方面，东方猫怕孤单，不喜欢独自在家。想吸引人注意的时候，会走过来大声搭话。要是还没引起主人的注意，会缠着主人不放，跟人类的小朋友没什么两样。有时候会认生，家里来客人的时候会躲起来不见人。

充满个性，珍惜自己喜欢的玩具，好像是个一直长不大的孩子。运动能力极强，活泼好动，需要可以自由活动的空间。

蓝色

梦里好像见过你

金卡洛猫

Kinkalow

原产国：美国

发生方式：人工育种

毛种：短毛、长毛

体型：半短躯短腿型

颜色

（所有颜色）

花纹

（全部花纹）

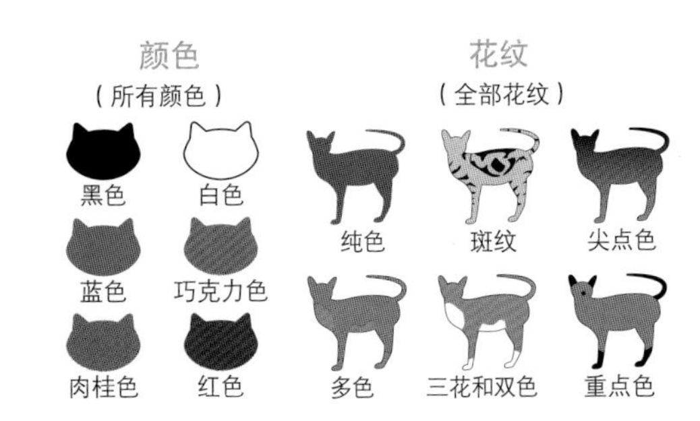

短腿卷耳的小精灵

一间美国的猫舍用芒奇金猫和美国卷毛猫交配，诞生出了这个可爱的品种。它们继承了芒奇金猫的小短腿和美国卷毛猫的小卷耳。名字当中，“kinka”意为“卷毛”，“low”意为短腿，加在一起就成了这个品种的名字。猫咪生后 2 周左右耳朵就开始后卷，在 4 个月左右的时候定型。

这个猫种只有短短 20 年的历史，在 TICA 登记为实验品种。知道这个猫种的人为数不多，但它们小精灵般的可爱模样，是不是曾经在电影里出现过?

棕色鲭鱼斑纹

蓝银鲭鱼斑纹和白色

天鹅绒般的卷发

康沃尔雷克斯猫

Cornish Rex

黑色

单层卷曲被毛

被毛卷曲，非常柔软而浓密，容易打理，摸在手里像天鹅绒一样，触感超群。不同个体的被毛长度有些许差异。

海豹重点色

有淡色也有条纹斑

被毛颜色多种，每个个体的颜色都能和小短毛搭配出别致的感觉。眼睛的颜色有绿色、金色、青铜色等，也同样伴随身体的颜色各不相同。

三花

在日本是非常少见的品种

极不耐寒，冬季必须要确保室内温度。日本几乎见不到这种三花的个体，要是想亲眼见见，可以到猫展来哦。

原产国：英国

发生方式：突发变异

毛种：短毛

体型：东方型

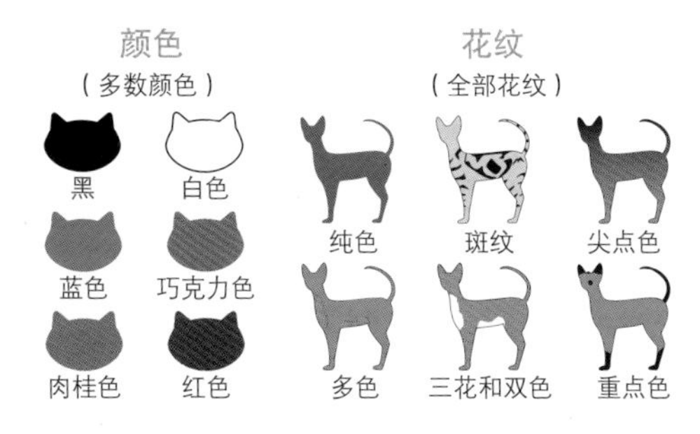

偶然出生的卷毛小猫

1950 年，英国康沃尔郡的一户农家中新诞生了 5 只小猫，其中有一只小雄猫，长着与众不同的卷毛。这只名为“卡里班加”的小猫，被毛像小羊羔的毛一样卷曲着，还有一对大大的耳朵、四条长长的腿和楔形的头。这只特别的小猫茁壮成长，成为第一只康沃尔雷克斯猫。

突发变异出现的基因，会遗传给下一代。于是专业的繁殖业者齐心合力，先后尝试了让它与暹罗猫、俄罗斯蓝猫、美国短毛猫等交配。但是卷毛属于隐性遗传，只有父母都是卷毛的情况下才能生出卷毛的孩子。人们经过重重努力但还是未能成功，最后只能将其认定为新猫种。

充满能量的自我中心主义

柔软的被毛像波浪一样起起伏伏，好像是粘上去的一样，被称为“猫中猎犬”。这不仅是因为它们的姿态，更因为它们独特的性格。这是一个永远精力充沛的猫种，喜欢像小狗一样玩扔球游戏。活力十足，每天都跳来跳去，能连续玩上好几个小时。通常不叫，但喜欢以自我为中心，希望家人注意到自己的存在。为此不惜主动顶顶主人的手臂、贴贴主人的脸颊，总之就是拼命刷存在感。不擅长长时间独处，适合大家庭或常有人在家的家庭饲养。

在泰国是能够呼唤幸运的蓝猫

呵叻猫

Korat

蓝色被毛绿眼睛

呵叻猫的被毛是银蓝色的单层被毛。眼睛的颜色基本为绿色。摸起来有点儿像缎子。长大的过程中，毛尖的颜色逐渐变化，随着光线强弱会发出银色光芒。

银蓝色

银蓝色

体型丰满的小短腿

同为蓝猫，但身体比俄罗斯蓝猫更结实。抱起来之前要做好充分的准备。

日本的稀有品种

大个头的个体可达 7 公斤重。与高人气的俄罗斯蓝猫相比，还没有广为人知。可以见到的机会很少，可以去猫展碰碰运气。

银蓝色

原产国：泰国

发生方式：自然发生

毛种：短毛

体型：半短身型

颜色

（仅银蓝色）

银蓝色

花纹

（仅纯色）

纯色

在泰国被精心呵护的幸运象征

与俄罗斯蓝猫、沙特尔猫一起，被称为世界三大蓝猫。它们是泰国自古就有的猫种，被毛散发银色光辉，心形脸，新叶一样碧绿的眼睛，每一种特征都会让人联想到富裕。在泰语中的名字，意思就是“带来幸运和名声”。如果在婚礼上被赠送了一对呵叻猫，将会被视为接受了幸福的承诺。

与暹罗猫相同，它们在泰国拥有悠久的历史。记录显示，在 500 年前撰写的书籍中就已经出现了它们的身影。时至今日，它们的身形依然没有变化，在泰国被视为珍贵的本土纯种猫咪，受到大家的精心呵护。

高傲独立的魅力

呵叻猫的情感丰富，可以与主人建立坚实的情感纽带。要一直待在家人身旁。基本上来说，它们性格安静，不喜欢吵闹的环境和巨大的声响。可以与其他猫和平相处,但是其强烈的自我认知使它们常常成为领袖一般的存在。知性，有洞察力。能记住开门的钥匙声和冲水马桶的使用方法，所以需要做好相应的危险防范措施。

与其他品种相比，需要更长的成长周期。尤其是大概到了 4 岁，其心理才能完全成熟。这种特点意味着其需要很大的活动量。喜欢登高，主人要提前安排好活动空间。

被王室热爱的“月亮钻石”

暹罗猫

Siamese

特色鲜明的重点色

暹罗猫最有特色的地方就是美丽的重点色，例如海豹重点色、巧克力重点色、蓝色重点色、淡紫色重点色等。它们的眼睛是蓝色的。

海豹重点色

海豹重点色

丝柔的光滑被毛

单层被毛，上层被毛紧紧地与皮肤贴合在一起。毛发细柔而富有光泽，这是属于暹罗猫独有的美丽。不耐寒，需要做好室内的温度管理。

蓝色重点色

有 2 种体型

体型可分为现代风格与传统风格 2 种。现代风格的特点是楔形头和大耳朵，传统风格的特点是圆脸和小耳朵。

原产国：泰国

发生方式：自然发生

毛种：短毛

体型：东方型

颜色

（部分颜色）

海豹色

淡紫色

蓝色

巧克力色

花纹

（仅重点色）

重点色

像艺术品一样美丽

一张小黑脸，还有尾巴、脚、耳朵上的淡淡颜色。暹罗猫的形象与其他猫种相比有很大的区别，从很久以前开始，人们就一直把它们视为“能带来好运的猫”。因其独特的毛色和蓝宝石般的眼睛而被称为“月亮钻石”。大家一直认为暹罗猫的身体里具有神秘的力量，因此，泰国的皇室和僧侣都对其宠爱有加。在 20 世纪 40 年代，暹罗猫开始风靡全球。之后，人们用暹罗猫繁衍出喜马拉雅猫、东京猫、雪鞋猫、欧西猫、巴厘猫和东方短毛猫等许多新的猫种。

海豹重点色

最有魅力的地方是“傲娇”的反差萌

古时候开始，日本人一直亲昵地把暹罗猫叫作“夏目（Siamese）”。看起来牛哄哄，但其实对主人忠心耿耿，用情至深，是个爱撒娇的孩子。它们会像小狗一样跟人类亲近，但也有矜持的一面。感性，内心细腻。这种“傲娇”性格是暹罗猫最大的性格魅力。有些个体不太擅长与陌生人接触，需要根据实际的性格调整生活的环境。

对自己喜欢的小玩具，会一直放在身边。当然，也会随时随地央求主人的陪伴。暹罗猫是个小固执，在自己的要求和希望没有得到回应的时候，会一直大声叫个不停。主人需要在饲养的过程中始终保持充分的沟通和陪伴。

蓝色重点色

蓝色重点色

敦实优雅的可靠看门人

沙凡那猫

Siberian

毛茸茸的巨猫

沙凡那猫来自极寒地区西伯利亚，是猫咪当中唯一一种具备三层被毛的品种，即使在雪里，也能身手矫健地快速前行。

棕色鲭鱼斑纹

棕色补丁斑

日常需要进行被毛养护

毛色方面，有白色、蓝色、黑色等单色个体，也有条纹个体，还有多色个体。因为厚厚的被毛属于三层结构，需要日常养护。

属于稀有品种

大型猫，成长期长达 5 年。成年以后毛发浓密美丽，仿佛披着优雅的大围巾一样。雄猫体重可达 10 公斤左右。

海豹重点色和白色

原产国：俄罗斯

发生方式：自然发生

毛种：长毛

体型：长而坚实型

站姿宛如重量级拳击手

Siberian 的意思是“西伯利亚”。这是一只来自俄罗斯的大型猫，身体呈酒桶状，圆圆的身体，粗壮的腿，一身厚实的被毛。它们的身影常出现在俄罗斯的绘本和奇幻小说中，从事捕鼠和护卫的活动，性格勇敢，行动敏捷。1990 年，三只沙凡那猫漂洋过海来到美国，随后得到了 TICA 的认证。

沙凡那猫也是深受历任总统喜爱的猫。普京总统曾经赠送给秋田县知事一只沙凡那猫。其名字在俄语中意味着和平。

棕色鲭鱼斑纹

智慧超群，非常淘气

聪明而心胸宽阔，有超强的解决问题的能力。例如它们能学会开门的方法、收集主人喜欢的东西、用巧妙的方法实现自己的愿望等。虽然这是沙凡那猫的魅力所在，但我们需要想想如何防范它的小淘气。它看起来身材厚重，实则行动敏捷，跳起来的时候好像在空中飞一样。性格温和，喜爱玩耍。

作为唯一拥有三层被毛的猫咪，需要主人每日对毛发进行梳理和保养。它们非常耐寒，但是不耐热，要严格控制室温。成熟期比较长，通常需要 5 年的时间。主人平时要多喂一些高蛋白质类食物。

白色

银斑

黑色鲭鱼斑纹

洋溢着野性的魅力

萨凡纳猫

Savannah

棕色点斑

野性的黑色斑点

第一代的时候，父母是薮猫，充满野性。到了第三代，野性犹存，不是很好接近。直到第七代才成为被认可的纯种萨凡纳猫。

清晰的黑色点斑纹

2001 年入册 TICA 的新猫种。薮猫的血统越纯粹，黑色的斑点越清晰，体格也越大。

棕色点斑

多样化的被毛颜色

斑纹有棕色、黑色和烟熏色等，不同颜色与不同的对象交配，生出的小猫就会是不同的颜色。棕色个体的被毛颜色非常多样化。

棕色点斑

原产国：美国

发生方式：人工育种

毛种：短毛

体型：半外国型

颜色

（部分颜色）

黑色 棕色

银色 巧克力色

肉桂色 红色

花纹

（仅点斑）

点斑

名副其实的野猫

萨凡纳猫的父母分别是野生的薮猫和孟加拉猫。因为它们身体里与生俱来的野性，一些国家和地区将其列为野生动物。

有这样一个规定，纯正的薮猫血统只有经过 3 代繁殖以后，才能参加猫展。第一代萨凡纳猫是薮猫的混血，性格和姿态充满野性特点。到第五代的时候，基因比较接近家猫，驯化起来似乎更容易一些。

棕色点斑

在日本需要许可证才能饲养

有一些国家将萨凡纳猫视为野生动物，禁止家庭饲养。在日本，萨凡纳猫属于特定动物，只有获得了政府的饲养许可后才能在家饲养。因为继承了薮猫的血统，根据 2020 年 6 月颁布的特定动物杂交规定的要求，一般家庭禁止饲养第一代萨凡纳猫。

虽然其充满野性，但是格外聪明，容易驯化，据说可以与主人建立良好的关系。喜欢跟主人撒娇，如果失去主人的关注会非常不开心。所以需要主人给予很多陪伴和玩耍的时间。另外，大多数个体喜欢玩水，需要有充足的运动量。

棕色点斑

棕色点斑

棕色点斑

风靡世界的“招财猫”

日本短尾猫

Japanese Bobtail

三花

毛色丰富

对于这个猫种来说，所有毛色都被认可。双层被毛，但是下层被毛稀少。柔滑有质感，体质易胖。

黑色和白色

三花猫的人气

在日本短尾猫当中，颜色分明的双色和三花最有人气。其中，雄性三花猫非常珍稀，出生的概率仅有三万分之一。

红鲭鱼纹

在日本少见

日本短尾猫的祖先是日本猫，但是短尾巴的猫咪确实很少见。虽然在国外很常见，但在日本国内很难入手。

原产国：日本

发生方式：自然发生

毛种：短毛、长毛

体型：外国型

颜色
（多数颜色）

黑色　白色

蓝色　巧克力色

肉桂色　红色

花纹
（多数花纹）

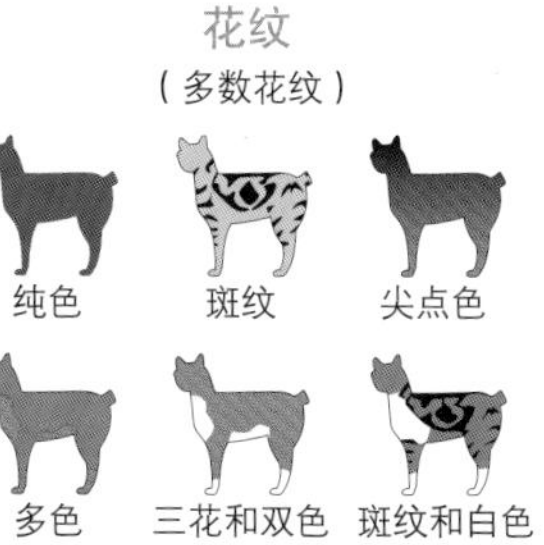

纯色　斑纹　尖点色

多色　三花和双色　斑纹和白色

兔子尾巴的日本猫

一直在日本繁衍生息的土猫种。外形没有什么特殊的，但是圆溜溜的短尾巴则属于隐性基因，杂交后很难出现。

现在，国外一些猫舍刻意地保护着这个猫种，让它们成为“比日本猫更有日本特色的猫”。除了自然发生的短毛猫以外，还有突然变异出生的“日本短尾长毛猫”。被毛像陶瓷一样洁白生辉，姿态优雅动人。

它的起源可追溯到600多年前，据说来自中国。从日本短尾猫的身上，甚至可以感受到历史的悠长。

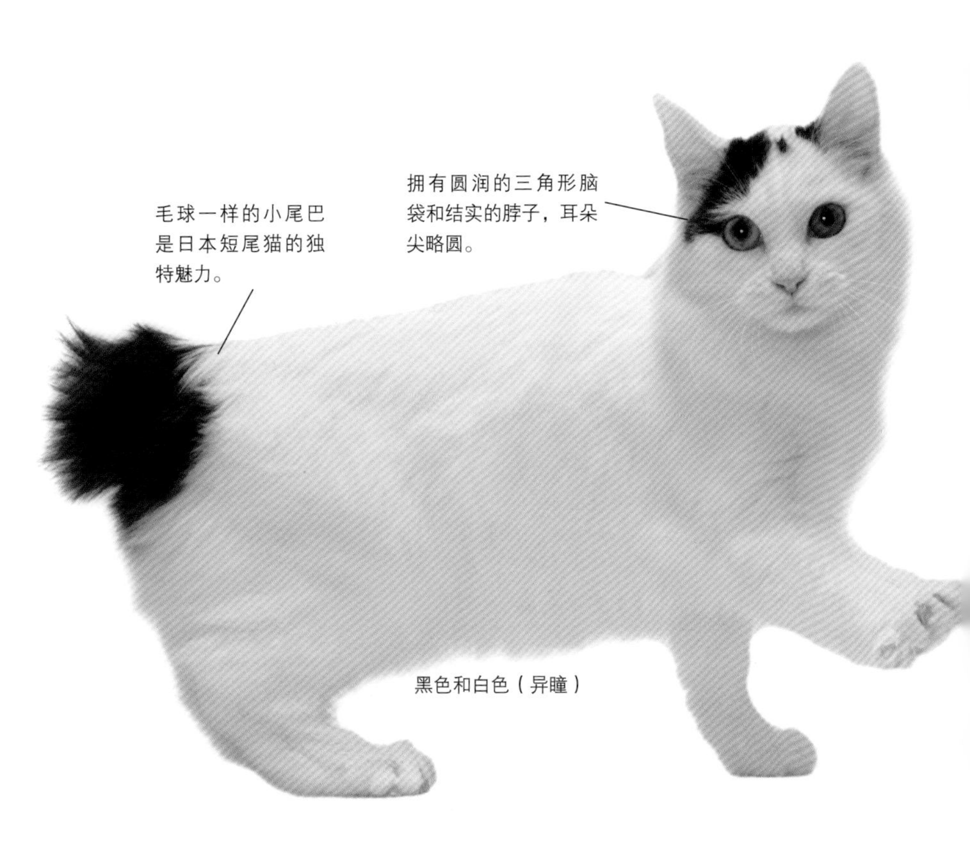

黑色和白色（异瞳）

察言观色，发挥协调性

日本短尾猫是招财猫的原型，聪明顺从、成熟稳重。其擅长观察周围的情况，是避免发生争端的和平主义者。

它们非常活泼好动，常常大声喵喵叫，喜欢与人交流。不是那种喜欢静卧膝头睡觉的性格，而是喜欢冒险的独立主义者。它们不玩儿玩具的时候，很有可能正在暗地里窥探碗架上的什么东西呢。日本短尾猫理解力强,对家人忠诚，易于调教，适合作为家猫饲养。它们身体强壮，被毛顺滑，可以适当降低刷毛的频度，是很好养的猫种。

黑色和白色

乳黄色和白色

三花

来自法国的人气小圆脸

沙特尔猫

Chartreux

蓝色

双层被毛

拥有美丽的蓝色短毛。属于双层被毛，密度极高，防水。皮质较多，需要通过频繁梳毛来预防体臭。

蓝色

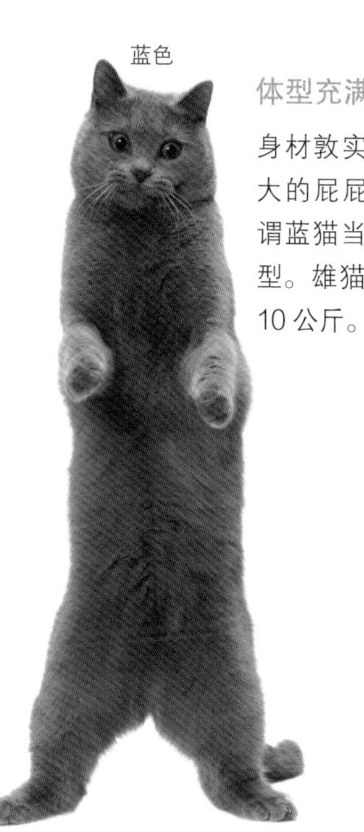

体型充满魅力

身材敦实，肌肉紧致，大大的屁屁，短短的腿，可谓蓝猫当中独一无二的体型。雄猫体重有的可超过 10 公斤。

蓝色

魅惑的橙色眼睛

眼睛颜色有黄色、金色、铜色、橙色等暖色。一双圆眼搭配大圆脸，看起来憨态可掬，被称为“法国之宝”。

原产国：法国

发生方式：自然发生

毛种：短毛

体型：半短身型

颜色

（仅蓝色）

蓝色

花纹

（仅纯色）

纯色

好像牙签刺在土豆上的猫

在法国拥有悠久历史的猫，因为厚重的身体和纤细的腿脚，法国人笑称沙特尔猫长得像“牙签刺在土豆上”。与英国短毛蓝猫、俄罗斯蓝猫合称“世界三大蓝猫”，略有长度的短毛属于双层被毛。

起源不明，最早出现在 16 世纪的法国文献当中。第二次世界大战以后濒临灭绝，后经与波斯猫和英国短毛猫交配，最终得以幸存。

性情温和的“微笑猫”

圆脸盘上有一张常常抿起的嘴巴，好像永远都是笑眯眯的样子，法国人给它起了一个“法国微笑猫”的昵称。

性格沉稳、脚踏实地、声音细小、不无故乱叫，可以在公寓中放心饲养。喜欢撒娇，有独立意识，会一直不远不近地守候在你身旁。可以多只饲养，也可以与其他动物一起饲养。

沙特尔猫的成长期略长于其他猫，大概需要 2 年的时间。其身体浑圆，却不知为何腿脚纤细。日常喂养时要注意控制饮食,防止肥胖。成长期的过程中，要确保家里有良好的运动环境，确保高蛋白质的饮食结构。

蓝色

蓝色

蓝色

身材娇小的大眼睛天使

新加坡猫

Singapura

棕色环纹

棕色环纹的毛色

毛色仅有棕色环纹一种。每一根毛发上都有以棕色为底色的细斑纹，同时每一根毛发上也都混合深浅不一的色调，动起来散发着独特的光芒。

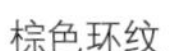

棕色环纹

身材娇小，肌肉发达

纯血种猫咪当中较小的家猫，雌猫体重可能不足 2 公斤。虽然身材娇小，但是肌肉发达、运动神经超群。眼睛主要是绿色、黄色、褐色和铜色。

大眼睛的可爱模样

与面部大小相比，眼睛比例显得格外大，杏眼周围有一圈醒目的眼线。被这样一双无辜的大眼睛凝望，可能什么样的调皮捣蛋都会被原谅了。

棕色环纹

原产国：新加坡
发生方式：自然发生
毛种：短毛
体型：半短身型

颜色
（仅棕色环纹）

棕色环纹

花纹

细斑纹

从下水道里捡回来的国宝级猫咪

猫如其名，新加坡的土著猫。原本是生活在下水道等处的野猫。有一对美国夫妇发现了一只棕色的小身材猫咪，并把它带回了美国。之后开始对其进行正规的繁育，并在 1980 年得到了纯血种的认定。像吉娃娃一样小巧可爱的形象，让新加坡猫很快成为风靡全球的家猫。此后，原本生活在下水道里，甚至被视为噩兆的小猫，在 1991 年成为新加坡的国宝。一双醒目的大眼睛，搭配着苗条的棕色身影，宛如从老照片里跳脱出来的动物。新加坡猫一直是世界上最小的猫种，现在还出现了身材更小的玩具新加坡猫。

趴在主人肩膀上示爱的猫咪

身材娇小、标准体重仅有 2~3 公斤的新加坡猫，拥有健壮的肌肉和旺盛的好奇心。精力充沛，活泼好动。

喜欢登高，喜欢从高处跳到主人身上，是个运动神经发达的淘气包。原本生活在下水道里，靠捉老鼠为生，所以非常喜欢追逐玩具，而且爆发力十足。不少个体不怕水，富有冒险精神。

另一方面，它们非常聪明，几乎不叫，可以在公寓中饲养。因为其易于管教，只要适当训练就能成为完美的小伙伴。

棕色环纹

棕色环纹

棕色环纹

拥有下垂的耳朵和可爱的小圆脸

苏格兰折耳猫

Scottish Fold

长毛和短毛同时存在

不仅毛发长度，就连颜色和花纹也多种多样。除了白色、棕色、蓝色等纯色以外，还有各种斑纹。总之，苏格兰折耳猫就是多种多样。

蓝银点斑

垂耳的程度取决于不同个体

最有特征的部位就是折耳，但有的猫咪的耳朵完全贴着脑袋，而有的猫咪的耳朵只是微微下垂。偶见立耳个体，会被称为“苏格兰立耳猫”。

玳瑁色和白色

全身上下圆润无死角

折耳、圆脸、脖子短，苏格兰折耳猫整个就是圆溜溜的。在日本始终处于人气猫种的前列。

枫糖色鲭鱼斑纹

原产国：英国
发生方式：突然变异
毛种：短毛、长毛
体型：半短身型

遍布世界的折耳猫子孙们

可爱的折耳猫，每次看到都会联想到猫头鹰，始终占据人气猫种排行榜的前列。1961 年，一个羊倌在苏格兰的小仓库里发现了一只小白猫——苏西，它就是第一只苏格兰折耳猫。虽然后来与英国短毛猫和美国短毛猫进行过交配，但是现在每一只折耳猫的身体里都有苏西的基因。

关于基因的问题，因为不可以让折耳猫相互交配，所以现在交配后生出折耳猫的概率大概为 30%。立耳的个体被称为“苏格兰立耳猫”，长毛个体被称为“苏格兰折耳长毛猫”。

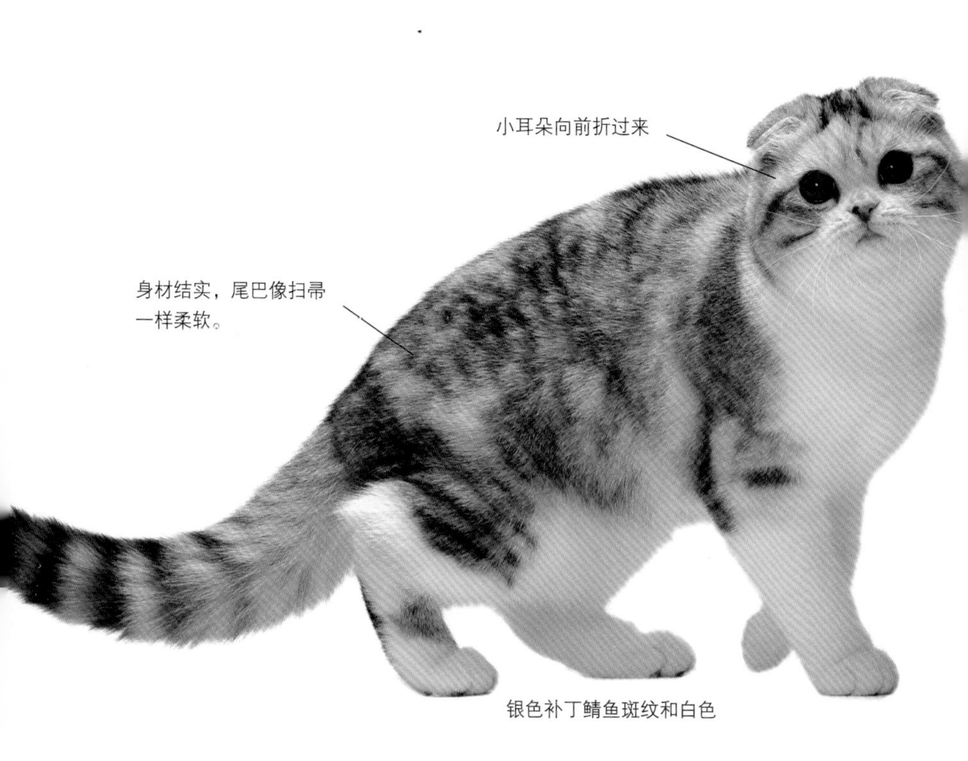

银色补丁鲭鱼斑纹和白色

拥有所有颜色和花纹的人气品种

刚出生的时候，苏格兰折耳猫的耳朵是直立的，生后 3 周左右才开始翻折。

家庭型性格，好撒娇，随和，不受周围环境的影响，可以跟小朋友、其他动物和平相处。当然，也有怕生的个体，根据猫咪个体的性格来调整生活环境即可。

苏格兰折耳猫表现为折耳、立耳、短毛、长毛等不同特征，并拥有丰富多彩的颜色和斑纹。所以，挑选猫咪的过程本身，就充满了欢乐和惊喜。

银斑

乳黄色和白色

黑色和白色

无毛的褶皱感让人爱不释手

斯芬克斯猫

Sphynx

虽然无毛，但是有颜色

并非完全无毛，身体表面有一层绒毛，皮肤表面的手感像绒面革一样。皮肤颜色直接成为自己身上的颜色和花纹。

肉桂色

三花

必须要做皮肤护理

对其他猫种来说，毛发可以吸收皮肤分泌的皮质，起到保湿的作用。但斯芬克斯猫没有被毛，常会变得油乎乎的，需要定期洗澡。

黑色和白色

皮肤皱皱的猫

斯芬克斯猫的皮肤看起来皱巴巴，除了胡子和眉毛几乎没有被毛。对夏天的紫外线和冬天的寒冷非常不耐受，需要全年控制室温和饲养环境。

原产国：加拿大

发生方式：突然变异

毛种：无毛

体型：半外国型

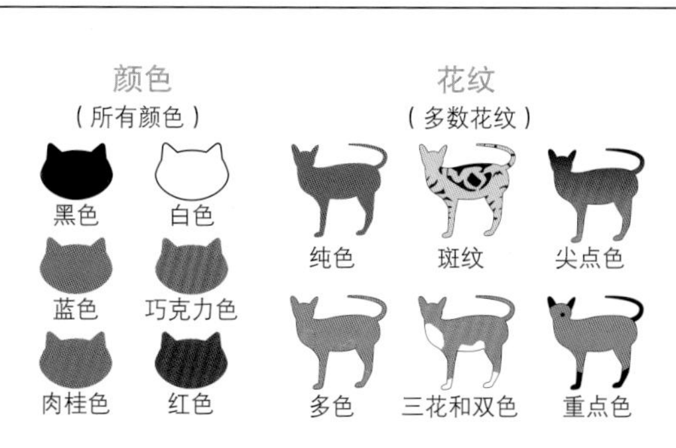

突然变异而生的无毛猫

1966 年，加拿大的安大略省出生了一只小猫。它浑身无毛，只有黑白交错的皮肤，这就是斯芬克斯猫的起源。这只小猫的名字叫作普伦，它与其他猫咪交配后繁衍出的孩子，与古埃及雕刻中的猫咪形象非常神似。后来，这个品种被称为斯芬克斯猫。后来，各地发现的无毛猫又与德文雷克斯猫交配，这才夯实了现在斯芬克斯猫的形象。

因为斯芬克斯猫有种与众不同的外表形象，人类对它们的好恶泾渭分明。但是，斯芬克斯猫身体表面的皮肤非常柔软，只要抱过一次就会让人爱不释手。推荐给喜欢非主流猫咪的人来饲养。

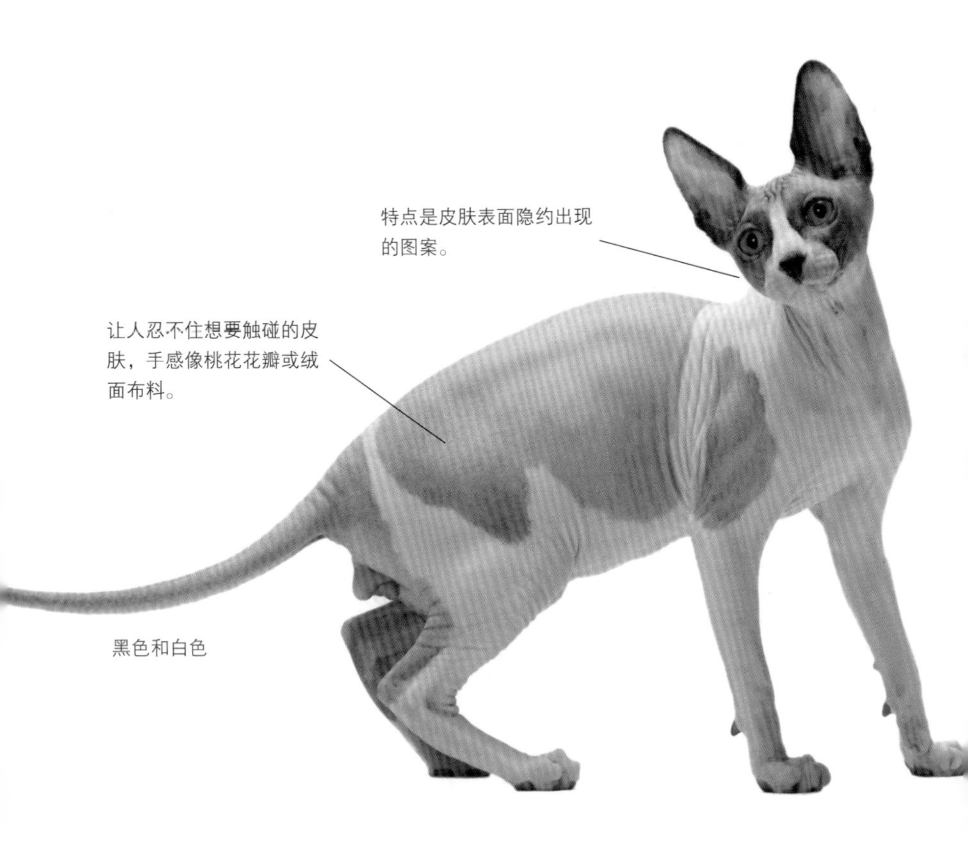

黑色和白色

据说是《E.T.》的原型

超级热爱主人，好奇心强。据说是美国电影《E.T.》的原型。如果你有机会和斯芬克斯猫共同生活，一定会被它们身体里发出来的温暖和柔软而感动。

个体不认生，喜欢逐一问候到家里来的客人。叫声小，与其他小猫小狗的关系融洽，适合多只饲养。

需要定期刷毛。皮肤正常分泌的油脂不能过渡到毛发上，难免让皮肤变得油腻。清洁时可以用温毛巾擦拭。另外，因身体无毛导致它们不耐寒、不耐暑，饲养前要做充分的准备。

好像披着羊皮的猫

塞尔柯克雷克斯猫

Selkirk Rex

别名叫作“奇迹之猫”

被偶然发现的卷毛猫。被称为“奇迹之猫”。体型较大，体格结实。浑身上下包裹着柔软浓密的卷毛，特征鲜明。

白色

配色丰富的自来卷儿

有白色、蓝色等单色，也有各色斑点的个体。毛发的卷曲程度各不相同，但通常脖子周围和尾巴的毛卷曲程度比较大。

黑色

蓝色

天生卷毛

无论长毛还是短毛，天生都是自来卷儿。出生后半年左右会脱一次毛。在成年之前，新生毛发还会慢慢地卷曲起来。

原产国：美国

发生方式：突然变异

毛种：短毛、长毛

体型：半短身型

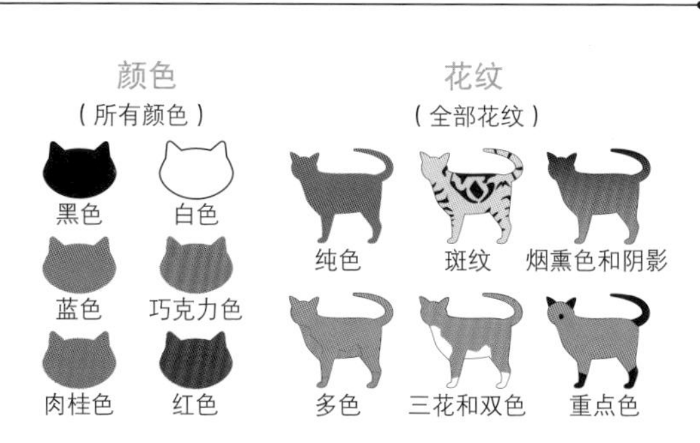

拥有一身浓密卷毛的猫

1987 年，一批小猫被送进了美国蒙大拿州动物收容所，其中的一只卷毛猫正是塞尔柯克雷克斯猫的祖先。这个地区并没有康沃尔雷克斯猫或德文雷克斯猫这种已获得认定的卷毛猫，所以人们只好认为它是因为基因突变而诞生的。之后，一位波斯猫的饲养员让它与自家的波斯猫交配，出生的小猫当中有 50% 天生卷毛，由此人们确定了卷毛来自遗传基因，并开始全面繁殖。

除了波斯猫以外，塞尔柯克雷克斯猫还多次与英国短毛猫和异国短毛猫交配，最后变成了现在的样子。目前，塞尔柯克雷克斯猫之间也可以进行交配。

海豹重点色

公认好脾气的温柔猫咪

塞尔柯克雷克斯猫从波斯猫那里继承了长毛，又从英国短毛猫那里继承了憨厚的性格，还从异国短毛猫那里继承了欢乐的心态。它们性格温柔，善于忍耐。人们常因其四平八稳的性格和浓密的卷发，把它们叫作“披着羊毛的猫”。其中的长毛个体被称为塞尔柯克雷克斯长毛猫。长毛个体看起来更像小羊羔，但为了防止被毛打结，需要早晚梳毛。最好 2 周洗一次澡。

成长期比较长，其间要补充高蛋白和高热量的食物，并保证足够的运动量。

蓝色和白色

红色

蓝色

阿比西尼亚猫的高配长毛品种

索马里猫

Somali

小鹿色

充分体现细斑纹的特色

索马里猫每一根毛发的颜色都从根部到发尖逐渐变浓，细斑纹的特色非常鲜明。移动的时候渐变的毛色宛如水波流动，具有美感。

花脸

眼线清晰可见，好像即将登台的京剧演员，也被称为“埃及艳后线”。眼睛是杏仁形的，这一点与阿比西尼亚猫相同。

蓝色

银色

尾巴和脖子的毛量充足

身体上的被毛为中等长度，但尾巴和脖子上的毛浓密得让人惊讶。毛色包含原本就有的红色，以及小鹿色、肉桂色、蓝色、银色等。

原产国：加拿大

发生方式：突然变异

毛种：长毛

体型：外国型

颜色

（部分颜色）

银色 红色

肉桂色 蓝色

小鹿色

花纹

（仅细斑纹）

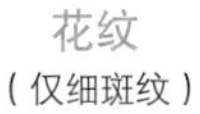

细斑纹

因为“未完成”而迅速走红

从前，也会偶尔出现长毛的阿比西尼亚猫，这种长毛个体被人们当作进化不完全的阿比西尼亚猫。1963 年，一位饲养员带着半开玩笑的心带了一只长毛阿比西尼亚猫前往加拿大的猫展，却没想到得到了评委们的大加赞赏。另有其他的阿比西尼亚猫饲养员希望“长毛的阿比西尼亚猫也被认可为独立猫种”，于是成立了专门的猫咪俱乐部，并开始大张旗鼓地繁育。时至今日，“长毛的阿比西尼亚猫”已经被冠以索马里猫的名字，在全世界各地得到人们的喜爱。名字虽然取自其故乡埃塞俄比亚的邻国索马里，但实则跟索马里并没有关系。近年来，人们通过基因分析证明，索马里猫是通过基因突变产生的，而并非来自杂交。

蓝色

“超爱主人”的小甜甜

它的性格也跟阿比西尼亚猫一样，忠于主人，总是充满好奇。叫声很小，像小铃铛声一样。还有个和阿比西尼亚猫一样的特点，就是它超爱主人，喜欢和主人交流，时不时会主动跟主人搭话，然后一直跟在主人的身后，所以也被评价成“像小狗一样的猫”。作为长毛品种，性格随和，非常容易饲养。另一方面，存在敏感和神经质的性格特征，应该避免频繁变化环境，也不建议和其他猫一起饲养。

作为阿比西尼亚猫的长毛品种，它们肌肉发达，身轻如燕，喜欢上下运动，可以在家搭建一个猫塔，为猫咪运动提供良好的环境。

蓝色

红色

红色

玛丽·安托瓦内特宠爱过的猫

土耳其安哥拉猫

Turkish Angora

黑色和白色

代表色是白色

原本土耳其安哥拉猫只有白色，现在不仅有纯色个体，还有三花、斑点、烟熏等个体。

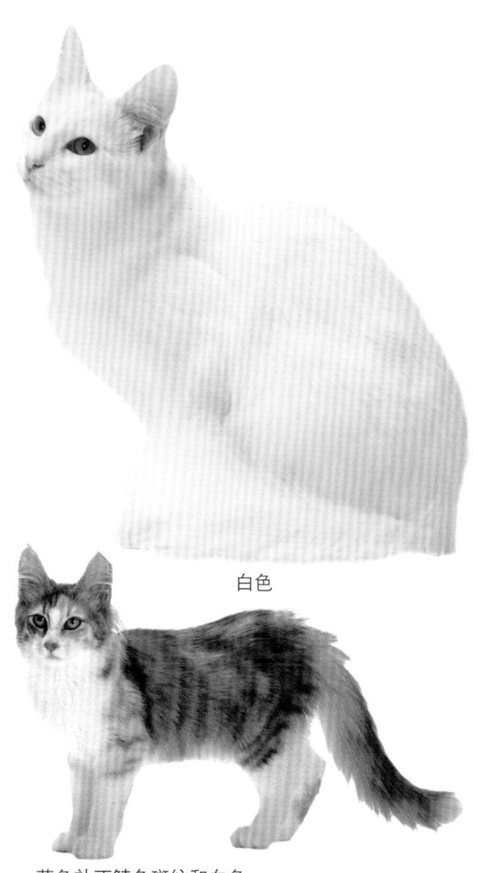

白色

安哥拉地区独特的长毛

与安哥拉兔、安哥拉羊一样，这些原产于土耳其安哥拉地区的小动物都拥有美丽的长毛。因为那里的冬天温度会骤降到 -20℃，厚实的长毛是在这种地方生存的必要条件。

单层长被毛

如丝般纤细的被毛是单层结构。虽说被毛长，但掉毛少，好打理。眼睛的颜色以蓝色或绿色为主。

蓝色补丁鲭鱼斑纹和白色

原产国：土耳其

发生方式：自然发生

毛种：长毛

体型：外国型

颜色（多数颜色）

黑色　白色

蓝色　红色

乳黄色

花纹（多数花纹）

纯色　斑纹　银色和金色

细纹　多色　三花和双色

如梦如幻的长毛白猫复活

土耳其安哥拉猫是一个古老的猫种，据传其祖先是野生兔狲，而它们自己则是波斯猫的祖先。繁衍的路径至今不得而知。它们与波斯猫一样，受到全世界的喜爱，就连玛丽・安托瓦内特也是它们的忠实粉丝。但因为与波斯猫的交配，原有土耳其安哥拉猫的身材出现了显著的变化，从前的身形已经不复存在。

后来，土耳其安哥拉猫以崭新的形象重新出现在人们的视线里。在它们被定义为土耳其的国宝，并进入了安哥拉动物园的物种保护计划后，终于又重新找回了蓝色和金色的眼睛以及苗条的身材。1962 年以前，土耳其曾一度禁止携带安哥拉猫出境。当这个品种恢复出口以后，美国随即开始了对它们的育种计划。目前，白色以外的个体也能得到认可。

对人类的选择非常挑剔

看起来纤细瘦弱的土耳其安哥拉猫，其实非常活泼好动。其在安哥拉的高山地区生活了很长很长时间，由衷深爱攀高和捕猎。它们的冒险精神溢于言表，放出家门可能就不回来了……

它非常聪明，能学会开门的方法。要在家里做好防范措施，禁止其进入有危险的地方。对主人的举手投足都很感兴趣，有时候会干脆跳到主人肩上。因其热情开朗，要是向它们求助，它们一定会毫不犹豫地伸出援手。另外，对人类的好恶鲜明，有种只跟自己喜欢的人交往的倾向。

黑色烟熏

棕色斑纹和白色

一身梵色，别称“会游泳的猫”

土耳其梵猫

Turkish Van

别具特色的梵色花纹

全身除头耳部和尾巴的颜色或斑纹外，通体洁白。尾巴像小浣熊一样蓬松。

红色和白色

红色和白色

有防水功能的单层被毛

单层被毛的质感类似羊绒，有防水的作用。名字来自梵湖，现在也能在那片湖水里看到梵猫在水中遨游的身影。

拥有悠久的历史

土耳其梵猫是捕鼠能手。硕大的身体适合捕猎，肌肉结实。

黑色和白色

原产国：土耳其

发生方式：自然发生

毛种：长毛

体型：长而坚实型

颜色

（部分颜色）

黑色　白色

蓝色　红色

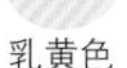

乳黄色

花纹

（部分花纹）

三花和双色　斑纹和白色

充满魅力的独特花纹

从名字里可以看出，梵猫是诞生在土耳其东部梵湖周边的猫种，与土耳其安哥拉猫一样，都是古老的猫种之一。1955 年，英国的猫咪爱好者在梵湖旁边看到了正在湖里游泳的小猫。随后，这种具有独特魅力的小猫被带回了英国。从 20 世纪 80 年代开始，美国的猫舍也开始繁育这个品种，并取得了正式的认证。

梵猫的头部和尾巴上有非常独特的花纹，其他部位洁白如雪。这是一种显性遗传基因，两只梵猫交配后一定会得到这样的毛色。它们的毛发虽然是单层结构，但是防水。大多数的梵猫不怕水，也被称为“会游泳的猫”。

红色斑纹和白色

爱玩、爱淘气的小聪明

梵猫的忠诚度极高，对主人感情深厚，但因为其头脑聪明，所以常常做出主人意料之外的淘气举动。属于活泼好动的品种，与安静地趴在主人膝头相比，它们更喜欢上蹿下跳地玩耍。因其喜欢攀高，请确保猫塔的稳定性，提前挪走地面上的危险物品。大多数梵猫喜欢玩水，需要注意家里的上下水位置。

它们倾向于服从有领袖气质的主人，团队意识强。因其历史悠久，没有明显的遗传疾病，身体健康但数量稀少。宠物店里几乎看不到它们的身影。

红色斑纹和白色

红色斑纹和白色

红色斑纹和白色

淘气的卷毛精灵登场

德文雷克斯猫

Devon Rex

棕色补丁斑纹和白色

波浪形的短毛

被毛和眼睛的颜色丰富。被毛短而细腻，呈波浪形。手感顺滑，像微风中的涟漪。

棕斑纹

掉了又长的被毛

在德文雷克斯猫的成长期里，它们的被毛会伴随着季节的变化掉了长、长了掉。单层被毛，更容易打理。据说对毛发过敏的人也可以饲养。

白色

大耳朵和大眼睛

清秀的脸庞上有一双圆溜溜的大眼睛，大眼睛上面是一对宽大的耳朵。身材娇小，一直像小奶猫一样。仿佛童话世界里走出来的精灵。

原产国：英国

发生方式：突然变异

毛种：短毛种

体型：外国型

天生自来卷儿的大耳朵“贵宾猫”

与康沃尔雷克斯猫和塞尔柯克雷克斯猫一样，都是天生自来卷儿的猫种。偶然的机会里，人们在英国的德文郡发现了一只小猫，起名为卡尔。当时，隔壁的康沃尔郡正在进行康沃尔雷克斯猫的育种，人们让这两种猫交配之后，并没生出自来卷儿的小猫。至此，人们才确定康沃尔雷克斯猫的特点来自基因突变。之后，人们有计划地通过同种交配增加了个体数量，然后又通过与其他品种交配获得了官方认证。所以，现在所有德文雷克斯猫都是卡尔的后代。

因为德文雷克斯猫拥有比康沃尔雷克斯猫更蓬松的被毛和乖巧的大耳朵，也被人们亲切地称为“贵宾猫”。

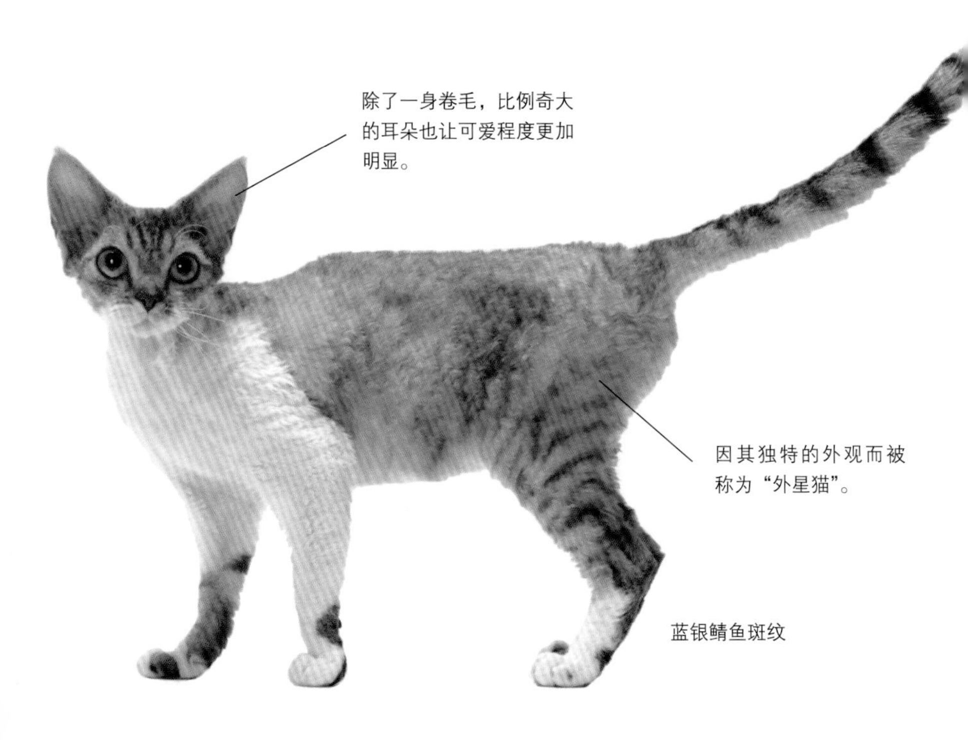

蓝银鲭鱼斑纹

天性活泼，对一切事物充满兴趣

德文雷克斯猫有一个绰号叫“淘气的小妖精”，可见它的性格活泼，好奇心强。强烈地希望跟主人一起冒险，比方说跳到主人肩上、盯着主人工作等。它们虽然性格非常安静，但是必要的时候也会义正辞严地提出自己的要求。

弹跳能力高超，喜欢探索未知领域。要留意别让它溜进危险的地方。不喜欢无聊的生活，不喜欢长时间独处。主人需要给它们预留充足的游戏时间。

被毛属于单层结构，掉毛不多，但是需要定期梳毛。

蓝银鲭鱼斑纹和白色

蓝银鲭鱼斑纹和白色

明明是猫，却长得像老虎？新猫种出现！

玩具虎猫

Toyger

高贵的虎斑

鲜艳明亮的橙色底色上，有巧克力色的斑纹，而且肚皮是白色的。它是唯一拥有虎斑被毛的猫咪。人们还在坚持不懈地育种，希望培育出更接近老虎的品种。

既威严又可爱

整体来看，它们的被毛短而厚实，额头和下巴上的毛发稍长。肩膀宽大，身材像大型猫科动物一样威武。走路的样子，很像在热带雨林里闲庭信步的老虎。

棕色鲭鱼斑纹

棕色鲭鱼斑纹

野性的深情

身体里流淌着野猫的血，看起来充满野性，但实则对主人无比深情，可以成为优秀的猫咪伙伴。

棕色鲭鱼斑纹

原产国：美国

发生方式：人工育种

毛种：短毛

体型：半外国型

颜色

（部分颜色）

棕色

花纹

（仅斑纹）

斑纹

诞生了“可以在客厅饲养的老虎”

玩具虎猫，诞生于拥有野生血统的孟加拉猫。人们对偶然长出了虎斑的孟加拉猫进行育种后，新繁殖出了玩具虎猫的品种。

美国加利福尼亚州的孟加拉猫猫舍里，偶然出生了一只虎斑小孟加拉猫。这让猫舍主人冒出了“繁育一种能在客厅里饲养的老虎”的灵感。玩具老虎猫的名字，也正是取自英文中的“toy”和“tiger”。

2000 年，TICA 认可了这个新的猫种。但是，人们又花了一段时间才让它身上的虎斑和毛色稳定下来。比较理想的个体，应该拥有清晰的黑色条纹、黑色的唇线以及头上的高光。

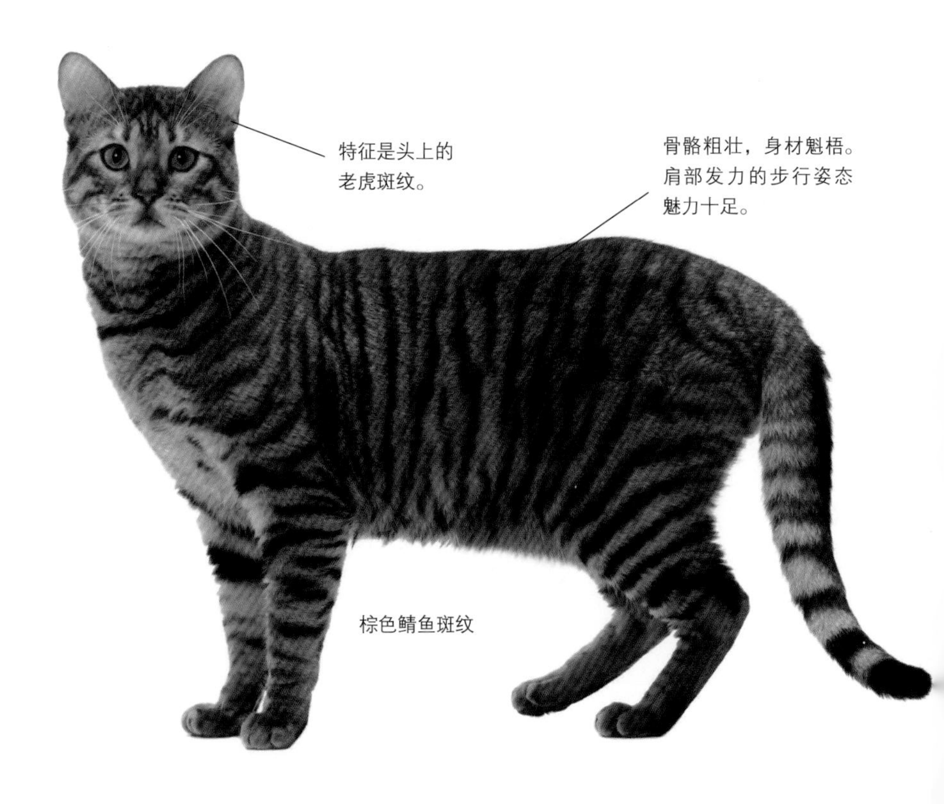

兼具野性和沉稳的性格特征

身体呈长方形，骨骼粗大，肌肉型体质，看起来威风凛凛。或者我们可以说，玩具虎猫就是缩小版的老虎，只是在细节上有那么一点儿微妙的差异。大家都说玩具虎猫和孟加拉猫一样，性格有点儿像小狗，容易管教，而且和主人非常亲密。大多数个体性格粗犷，能自己玩儿得不亦乐乎。因为身体里还残留着野性，非常活泼，需要宽敞的活动空间。建议在家里准备猫塔，确保适宜的活动空间，这样才能保持它们的身心健康。

因为体型较大，所需成长期比较长。在成长期里，需要投喂高蛋白、高热量的食物。

棕色鲭鱼斑纹

棕色鲭鱼斑纹

棕色鲭鱼斑纹

暹罗猫和缅甸猫的混血

东京猫

Tonkinese

水貂铂金色

丝般柔顺的被毛

东京猫的被毛有点儿类似暹罗猫那种淡淡的重点色，分布在面部、四肢和尾巴等处。光亮柔顺，像丝绸一般。被毛密密地贴合在皮肤表面。

每个个体都有与众不同的魅力

颜色多样。有毛尖色浓的重点色、阴影和纯色等不同的毛色。

水貂重点色

光亮的毛发和优美的身材无比契合

因为其优雅的被毛，也被称为黄金暹罗猫。身体的肌肉均衡，纤长的四肢和尾巴体现出优雅的姿态。但在这副优雅的姿态之下，却拥有一副爱玩爱闹的活泼性格。

水貂色

原产国：加拿大

发生方式：人工育种

毛种：短毛

体型：半外国型

颜色

（部分颜色）

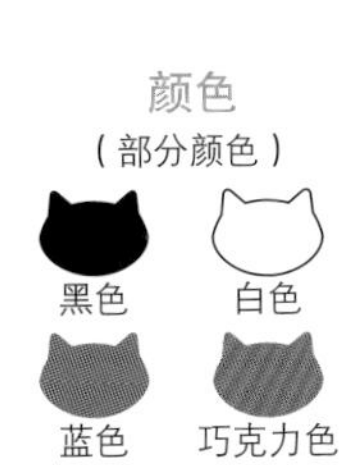

黑色 白色

蓝色 巧克力色

花纹

（部分花纹）

纯色

重点色

阴影

继承了暹罗猫和缅甸猫的优点

由暹罗猫和缅甸猫交配后生出的混血猫种。缅甸猫本身就是和暹罗猫交配而来的品种，所以这三个猫种之间的关联非常紧密。而且从古时候起，这两个品种就在泰国自然交配，也就是说东京猫其实很久以前就存在了。

东京猫的身材比暹罗猫更魁梧，拥有棕色的重点色，所以也被称为黄金暹罗猫。但是经过多次交配后，毛色逐渐变淡，有段时间险些失去纯正的血统。后经热心的猫舍主人挽救，才使湖蓝色的眼睛和水貂毛一样优美的被毛稳定下来，并取得了官方认可。

香槟色

性格比暹罗猫稳重开朗

东京猫充满魅力，拥有比暹罗猫更魁梧的身材和更明亮的被毛。同时，它们不像暹罗猫那样神经质，大多数的个体性格沉稳。但是很多东京猫是话痨，喜欢跟主人聊天，叫声没有暹罗猫响亮。个性鲜明，但比暹罗猫更具有包容性，记忆力极佳，总喜欢观察主人。喜欢玩耍，擅长跟其他猫咪组团开发新的游戏。有时候会发生因为跑得太快而飞出去的事情。

它的运动量非常大，需要配备高蛋白质、高热量的食物。但同时，也要进行严格的体重管理。

水貂色

巧克力色单色

水貂铂金色

住在北欧森林中的妖精

挪威森林猫

Norwegian Forest Cat

豪华的毛发

双层被毛，下层厚实保暖的被毛，被包裹在有防水功能的上层被毛里。易油发质，需要定期洗澡。

棕斑纹和白色

乳黄色和白色

耳朵上的装饰毛是重点色

大多数挪威森林猫是多色的，有花纹。眼睛是大大的杏仁形，直立的耳朵上有美丽的装饰毛，漂亮得像个小妖精。

耐寒的雪国猫咪

蓬松的毛发属于过冬标准款，让野生挪威森林猫在冰天雪地里也能毫无畏惧。但是它们不耐热，如果在家中饲养，需要控制夏季的室内温度。

蓝银鲭鱼斑纹和白色

原产国：挪威

发生方式：自然发生

毛种：长毛

体型：长而坚实型

出现在北欧神话中的神秘猫种

近年来，挪威森林猫的人气非常高。这是一种毛发蓬松的大型长毛猫。从名字就可以看出，它们从前生活在挪威的森林里。据说它们的祖先是短毛挪威森林猫（Skogkatt），跟着入侵欧洲的罗马人来到欧洲，并在极寒地区进化出了长毛。挪威森林猫曾出现在北欧神话中，据说女神弗露依亚经常乘一辆车出游，拉车的便是两只挪威森林猫。

20 世纪以后，挪威森林猫有机会和出入森林的短毛猫进行交配，由此人类开始研讨如何保护这个猫种的纯正性。但第二次世界大战，还是差一点儿就让挪威森林猫彻底灭绝了。

1070 年以后，人们再次对挪威森林猫进行保护。现在已经成为正式的猫种。

安静坚韧的隐者性格

挪威森林猫的性格温厚而柔软，可以善待家人、其他猫咪和小动物，很好饲养。作为长毛猫，也一样敏捷活泼，特别喜欢爬树。室内需要设置猫塔，给它们提供上下运动的空间。

以前生活在极寒地区，被毛上有一层皮脂，有防水功能。如果不是生活在特别寒冷的地方，需要定期洗澡，清理过剩的油污。与此同时，还需要频繁刷毛。它们成长缓慢，需要 3~4 年才能长成成猫。成长期需要投喂高蛋白质、高热量的食物。

黑色和白色

黑斑纹

金色被毛和宝石蓝眼睛

伯曼猫

Birman

蓝色重点色

穿袜子的长毛猫

伯曼猫除了一身乳黄色的被毛以外，还在面部、耳朵、脚、尾巴上都有美丽的重点色。四只小脚是白色的，好像穿着袜子一样。

像小兔子一样柔软的毛发

蓬松的中长被毛，质感像兔子毛一样轻盈。虽然是长毛，但是属于单层结构，不容易打结。属于比较容易打理的品种。

海豹环纹

蓝色重点色

刚出生的时候是小白猫

刚出生的时候，伯曼猫通体纯白。直到6周以后，才慢慢出现独具特色的棕色或蓝色重点色，然后颜色逐渐清晰。

原产国：缅甸

发生方式：人工育种

毛种：长毛

体型：长而坚实型

颜色

（多数颜色）

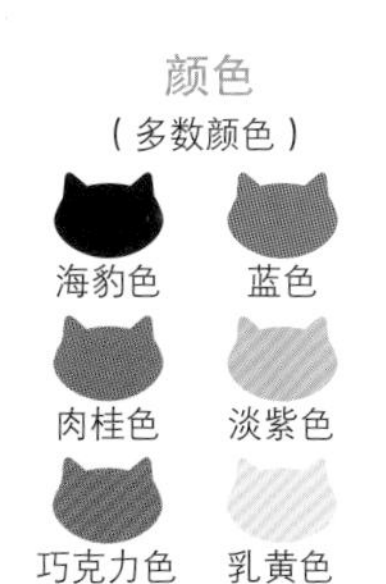

花纹

（部分花纹）

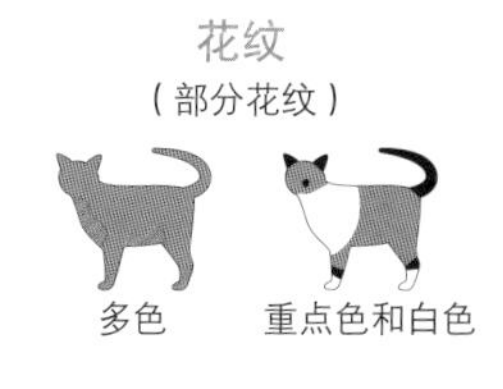

在缅甸的寺院里养尊处优的猫咪

伯曼猫的起源不详，但据说它们从很久以前开始就生活在缅甸的寺院中。19 世纪时，来到寺院的英国人把猫咪带回法国。这些小猫在法国繁殖以后，人们开始对它们进行有计划的繁育，最终被命名为伯曼猫。到了第二次世界大战以后，伯曼猫的数量骤减到只有 2 只！之后，民间开展了对伯曼猫的交配计划，让它们与暹罗猫和有重点色的波斯猫交配。我们现在看到的蓝色重点色等毛色就是在这个过程中诞生的。它们现在已经成为风靡全球的猫种了。

海豹重点色

容易饲养，容易建立情感羁绊

伯曼猫的浑身上下都充满着肌肉，性格方面却是个旗帜鲜明的和平主义者。喜欢撒娇，性格坚韧，可以不断深化与家人之间的情感羁绊。就算有小婴儿的家庭，也能放心饲养。

另一方面，伯曼猫对主人的感情太过深厚，有可能会在主人需要专心工作或做家务的时候不断刷存在感。喜欢撒娇，会一直跟在主人的周围。或许，这就是伯曼猫的魅力所在吧。

未成年的时候活泼好动，成年以后大多数个体的性格会变得沉稳很多。单层被毛，质地蓬松。

海豹重点色

海豹重点色

海豹重点色

继承了暹罗猫血统的深棕色猫咪

缅甸猫

Burmese

原产国：缅甸

发生方式：自然发生

毛种：短毛

体型：短身型

颜色

（部分颜色）

棕色　深棕色

铂金色　香槟色

蓝色

花纹

（仅纯色）

纯色

容易饲养，容易建立情感羁绊的猫

缅甸猫是一个古老的猫种，据说曾居住在缅甸和泰国，与呵叻猫和暹罗猫一起出现在古代文献中。即便如此，人们仍然认为它们三个是截然不同的猫科动物。

缅甸猫聪明、乐观、善于交际，被称为“会聊天的猫”。其实它们生性安静，有时候听到主人的召唤会小声回应，有时也会像在鼓励主人一样主动搭话。

因为大多数缅甸猫都不认生，所以家里有小孩子或常来访客也无须担心。喜欢和主人的身体接触，需要很多的玩耍时间。

貌似高贵实则调皮的反差萌

巴厘猫

Balinese

原产国：美国

发生方式：突然变异

毛种：长毛

体型：东方型

颜色

（部分颜色）

海豹色

（黑色）

淡紫色

蓝色

巧克力色

花纹

（仅重点色）

重点色

暹罗猫的未完成时

巴厘猫是暹罗猫和土耳其安哥拉猫自然交配后，偶然出生的突然变异品种。它们从暹罗猫身上继承了纤细的身体和重点色，又从土耳其安哥拉猫身上继承到了豪华的被毛。1950 年，它们以“暹罗猫的未完成时”的名义来到纽约，却让这里的猫舍从业人员一见钟情，由此进入了专业育种的阶段。

身材优雅，举止冷静，但却是喜欢撒娇不喜独处的小朋友。它们的内心细腻，略微任性，不仅胆小还很谨慎。这样的矛盾型性格，成为它独特的魅力。叫声比暹罗猫小，可以毫无顾虑地在宿舍里饲养。

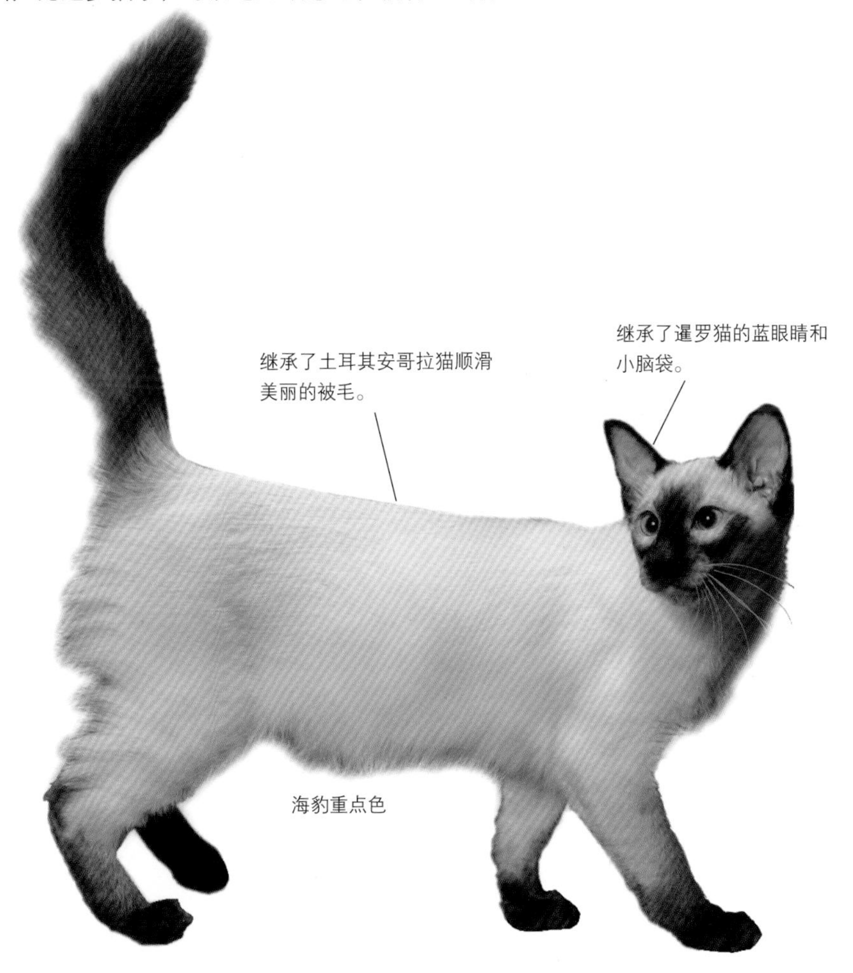

色如暹罗猫的波斯猫

喜马拉雅猫

Himalayan

蓝色重点色

肌肉发达

身材圆润，性格稳重，给人一种胖乎乎的感觉，但其实它们浑身都是肌肉，特别魁梧。

海豹重点色

独具特色的重点色

颜色多样，花纹仅有重点色一种。研究者在试图培育暹罗猫那样的波斯猫时，获得了这个新猫种。

海豹重点色

两种面部特征

跟波斯猫一样，有一个短短的小鼻子，从侧面看会发现它们从额头到下巴都在一个平面上，因此被人称为“平脸”。

原产国：美国

发生方式：人工育种

毛种：长毛

体型：短身型

颜色

（多数颜色）

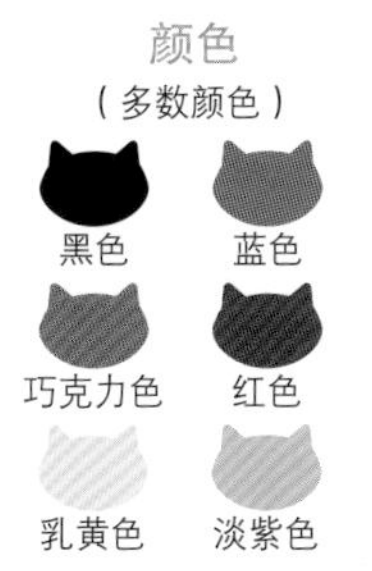

花纹

（仅重点色）

猫咪爱好者的终极理想

瑞典的猫咪研究者曾经想要繁育一种“有暹罗猫那种长毛的波斯猫”，并早早把这种即将面世的新猫种起名为“喜马拉雅猫”。但是不遂人愿，生出来的小猫都是瘦身短毛的个体。虽然实验没有成功，但却激起了世界各地猫舍的育种热情。

20 世纪 20 年代，瑞典的遗传学家在配种时保留了暹罗猫配色的隐性遗传基因。与此同时，美国的科学家也对此进行了深入的研究。15 年以后，喜马拉雅猫终于诞生了。到了 70 年代，个体数量增加，配种时更多地选择了纯色的波斯猫。现在，喜马拉雅猫的形象更趋向于波斯猫。

被赋予兔子名字的猫

喜马拉雅猫和波斯猫一样，都有短鼻子和圆眼睛，但名字则取自同样拥有重点色的喜马拉雅兔。

性格稳重，是和平主义者。与爬高相比，更希望趴在主人的膝盖伸伸懒腰。它们毕竟继承了暹罗猫的基因，非常亲人。但因为同时拥有独立性，所以几乎不存在黏人的情况。非常容易饲养。

长毛属于双层结构，厚实而美丽，需要每天刷毛、定期洗澡。要从小让它们适应淋浴。

蓝色重点色

蓝色重点色

蓝色重点色

《爱丽思梦游仙境》中的柴郡猫

英国短毛猫

British Shorthair

柔软有弹性的被毛

代表色是蓝色纯色，除此以外还有很多不同的颜色和花纹。柔软的被毛直立在身体表面。

淡紫色

蓝色和白色

容易养护的猫咪

双层短毛，易于打理。有些英国短毛猫的个体天生一副骄傲冷淡的气质，如果小时候没训练好，可能会讨厌身体养护。

黑色和白色

也有长毛个体

因为它们有和波斯猫等长毛猫交配的过往，所以偶尔会生出中长毛的个体。这种小猫被称为“英国长毛猫”，也是一种得到了官方认定的品种。

原产国：英国

发生方式：自然发生

毛种：短毛

体型：半短身型

颜色

（多数颜色）

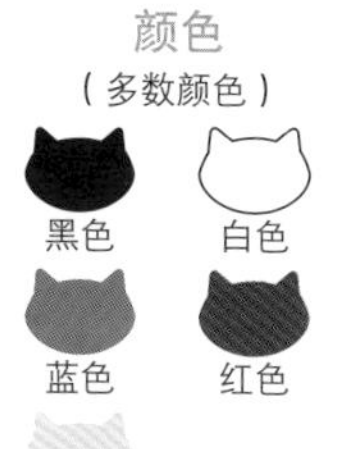

黑色　白色

蓝色　红色

乳黄色

花纹

（多数花纹）

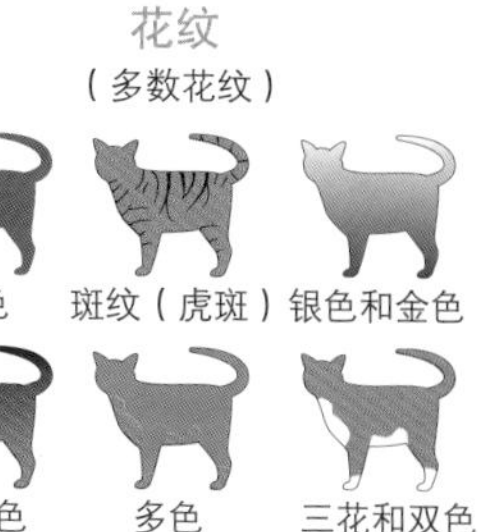

纯色　斑纹（虎斑）　银色和金色

尖点色　多色　三花和双色

《爱丽丝梦游仙境》中柴郡猫的原型

英国短毛猫的脸颊和微笑与花栗鼠神似，它们可是刘易斯·卡罗尔笔下《爱丽丝梦游仙境》中的柴郡猫的原型，自带一种别具特色的威严感。

作为英国最古老的猫种，人们相信英国短毛猫的祖先可以追溯到罗马时代。据说罗马帝国在进攻英国时带来的猫被留在了英国，在英国繁育之后，又跟着开拓团乘坐“五月花号”来到美国。正因为这段历史，人们相信美国短毛猫的祖先就是英国短毛猫。

有过和波斯猫等长毛猫交配的过往，所以偶尔会生出长毛个体。

红色鲭鱼斑纹

像毛绒玩具一样的形象受到全世界的关注

它们气宇轩昂，被称为“猫界温斯顿·丘吉尔”。丘吉尔可是英国历史上最有名的政治家之一。优雅而深情，因其诙谐的笑脸而受到全世界的喜爱。喜欢刷存在感，有时候会通过精心策划的小伎俩来吸引主人的注意力。

英国短毛猫是曾经活跃在农场谷仓里的捕鼠专家，现在仍然热衷于追着玩具跑。成猫以后会逐渐沉稳下来，一直跟在主人身边打转。但大多数个体不喜欢被抱，几乎不会老老实实地趴在主人膝头。善于忍耐，享受独处，易于饲养，是风靡全球的猫种。

小鹿色

蓝色

蓝色和白色

传说中的猫王殿下

波斯猫

Persian

比其他猫种的毛更长

波斯猫的特征是过长的被毛，好像身上披着一件大尺码的外衣。有各种颜色，人气指数最高的是金吉拉银色和金吉拉金色。

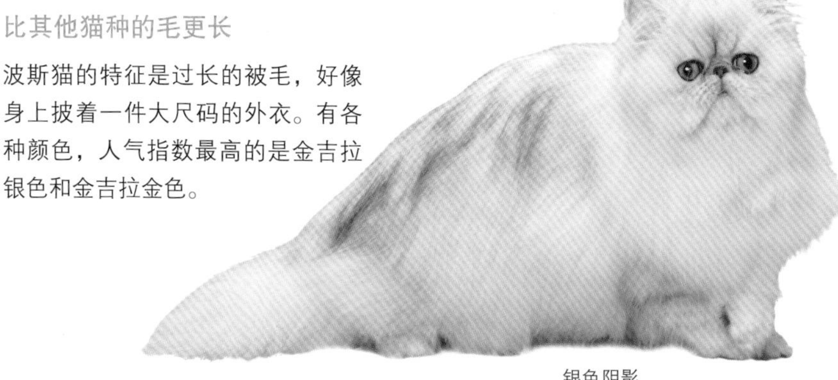

银色阴影

拥有肌肉型身材

脖子、耳朵、尾巴周围有长长的装饰毛，形象华丽而高贵。在一身蓬蓬松松的被毛下面，隐藏着轻易不可见的肌肉型身材。

金色阴影

要预防运动不足

成年以后，大多数的波斯猫都不喜欢运动，它们会找一个自己喜欢的地方静静地感受时光的流逝。容易发胖，要注意饮食管理，给予充足的运动空间。

三花

原产国：波斯（现在的阿富汗、伊朗周边）

发生方式：自然发生

毛种：长毛

体型：短身型

颜色
（多数颜色）

黑色　金吉拉银色

蓝色　金吉拉金色

巧克力色　红色

花纹
（多数花纹）

纯色　斑纹

银色和金色

尖点色

三花和双色

多色

世界上知名度最高的猫

"说到纯种猫，当然是波斯猫了。"想必绝大多数的人都会这样回答。是的，从古至今，波斯猫都是世界上最知名的猫种。

以波斯猫为基础配种出来的猫种很多，例如与暹罗猫交配诞生的喜马拉雅猫、与英国短毛猫交配诞生的异国短毛猫等，它们身体里流淌着波斯猫的血，也拥有和波斯猫一样的鼻子。

波斯猫起源不明。据说它们的祖先是 16 世纪坐着骆驼经由土耳其来到意大利的长毛猫。18 世纪，波斯猫开始流行于各地的上层社会当中，并在英国首次举办的猫展中独占鳌头。很快，它们就风靡了世界。

金色阴影

性格文静沉稳

如果被问到对波斯猫的定义，大多数人可能都会回答：高雅的姿态和任性的性格。其实，它们的性格和外形一样，文静而沉着。对主人很顺从，友善，容易驯服。同时它们聪明，独立性强，即使与人类一起生活，也会保持一点儿距离。是那种默默守候着人类的成年猫秉性。

因为性格文静，几乎不叫。特别喜欢睡觉，成猫每天也要睡足 15 小时左右。不好运动，对高处不感兴趣。喜欢自己找到中意的地方，圈定地盘以后就一直在这里随心所欲地消磨时光。与其带着它们玩耍，不如任其闲散、自由自在。

金色阴影

金吉拉金色

金色阴影

恍惚间看到一只如假包换的猎豹

孟加拉猫

Bengal

令人惊艳的花纹无可比拟

有很多猫咪身上都有花纹，但这种面包圈一样外深内浅的铜钱状斑点，却在家猫中独一无二。

棕色斑点

银色斑点

单层被毛不易脱毛

美丽的豹纹被毛，手感顺滑，质地优良。属于易于打理的单层被毛，很容易养护。

棕色斑点

花纹与猎豹不谋而合

除了棕色底色上面的深棕色豹纹以外，还有熠熠生辉的银色豹纹，和俨然雪豹一样的白底白纹。

原产国：美国

发生方式：人工育种

毛种：短毛、长毛

体型：长而结实型

颜色

（部分颜色）

花纹

（仅斑点）

斑点（铜钱状斑点）

传承山猫祖先血脉的野性派

1963 年，由豹猫和短毛黑猫自然交配后，诞生的小猫更像豹猫。之后，经过慎重的人为繁殖，在 1983 年经 TICA 认证为“孟加拉猫”。当这种拥有猎豹一样美丽斑纹的猫咪出现后，美国国内立即掀起了一阵风潮，人人都蜂拥而来领略它们的美貌。

豹猫是一种野猫，身体呈米黄色，黑色的斑点清晰可见。但孟加拉猫则拥有“铜钱状斑点”与“玫瑰花纹”两种花纹。除了孟加拉猫以外，没有任何家猫拥有这种特殊的铜钱状斑点。

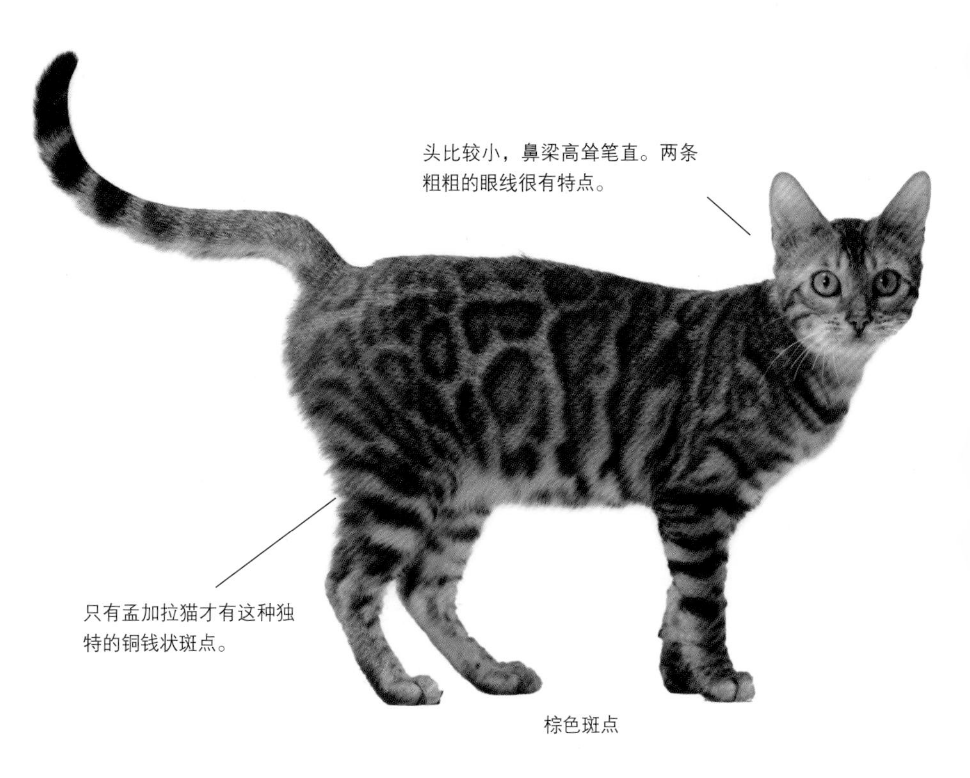

棕色斑点

洋溢着野性气质的小可爱

你可以在孟加拉猫的身上感受到霸气外露的野性气质，可以看出它们对主人的忠诚，但却看不出来它们骨子里也是爱撒娇的小可爱。性格温厚，很少有神经质的个体。体重为 3~7 公斤，属于中大型身材。

身体里残留着猎人的气质，运动神经非常发达，喜欢攀高。需要大量运动，醒着的时候几乎无时无刻不在跑跳，绝对的行动派。喜欢四处溜达，要保证充足的运动空间，以防它们产生抑郁。

单层被毛，毛量少，易于打理。但是，大多数个体有点儿害怕洗澡。

银色斑点

棕色斑点

棕色大理石纹

诞生于对黑豹的憧憬

孟买猫

Bombay

原产国：美国
发生方式：人工育种
毛种：短毛
体型：半短身型

颜色
（仅黑色）

黑色

花纹
（仅纯色）

纯色

沧桑皮肤下的可爱容颜

1953 年，美国的繁殖业者想繁殖出“像黑豹一样的小猫”，所以开始尝试让美国短毛猫和缅甸猫交配。经过曲折的尝试以后，理想的小黑猫终于在 1965 年诞生了。它们神似在印度栖息的黑豹，因此被冠以印度的城市名。珐琅般亮丽的墨黑色被毛非常漂亮，而且随着年龄的增长，毛发会变得更加光泽亮丽。

与端庄的外表相反，孟买猫继承了美国短毛猫的聪明勇敢和缅甸猫的温婉深情。大多数孟买猫能面对小狗和小孩也不为所动。非常容易饲养，可以与全家人亲密地互动。

黑色

黑色

像小兔子一样没有尾巴，前腿较短的猫咪

马恩岛猫

Manx

原产国：英国

发生方式：突然变异

毛种：短毛

体型：短身型

颜色

（多数颜色）

黑色 白色

蓝色 红色

乳黄色

花纹

（全部花纹）

纯色 斑纹 尖点色

多色 三花和双色 重点色

被小岛的自然环境守护着的无尾猫

关于马恩岛猫没有尾巴的原因，坊间众说纷纭："可怜的马恩岛猫在登上诺亚方舟时因为迟到了，所以正好赶上船长诺亚在关门，于是尾巴被夹住了，因此失去了自己的尾巴成了无尾猫。""其实有小兔子的血统。"其实，马恩岛猫诞生于英国本岛和爱尔兰之间的马恩岛。史料记载可以追溯到 16 世纪，它们在天然隔绝的小岛上自然交配，渐渐成为固定的猫种。

在所有马恩岛猫里，大约有 20% 的个体完全没有尾巴。有时候会诞生出长毛的小猫，它们就是著名的威尔士猫。

性格被动，喜欢黏着家人。对主人忠诚，对于喜欢与爱猫耳鬓厮磨的人来说，马恩岛猫是一个完美的家庭伙伴。

人气爆棚的“猫界腊肠犬”

芒奇金猫

Munchkin

淡紫色

巧克力点斑纹和白色

棕斑纹和白色

猫中腊肠

猫界第一的小个子，这一事实已经得到了吉尼斯世界纪录的认证。身材较小，雄猫体重 3~4 公斤，雌猫体重 2~3 公斤，但肌肉很发达。

其实也有长腿芒奇金猫

小短腿是最有个体特色的地方，但是腿长是存在个体差异的。小短腿的个体占到 30% 左右，也有正常腿长的芒奇金猫。

值得骄傲的丝滑毛发

被毛纤细，质感像丝绸一样。有长毛和短毛两种不同的个体，两者的毛发都不容易打结，易于保养。

原产国：美国

发生方式：突然变异

毛种：短毛、长毛

体型：半外国型

突然变异的短脚猫席卷全球

短腿的芒奇金猫是用突然变异的小猫繁育而来的。其实在它们出现之前，世界各地都出现过腿脚短小的猫咪，但是始终没有被确立为一个正式的品种。

1083 年，美国发现了一只短腿的雌猫，起名为蓝莓。当时它正处于孕期，在人类的精心呵护下，不久以后生出一窝小猫。人们发现这些小猫里有一半跟妈妈一样是小短腿，由此开始计划性地进行交配，并以《奥兹法师》中小个子“芒奇金族”的名字给它们命名。经过长年的研究，人们终于断定芒奇金的短腿基因属于显性基因。现在，允许它们与家猫交配，这样可以保证猫种的健康发展。

海豹重点色

虽然是短腿，但却是“猫界跑车”

芒奇金猫当中，有 30% 的个体是小短腿，另外还有跟普通的猫腿脚差不多的长腿芒奇金。它们身材小，腿又短，但是速度迅猛，爆发力强，因其令人震惊的表现而被称为“猫界跑车”。除此之外，它们出人意料地擅长跳跃。小短腿全力猛蹬的跑步姿势非常可爱，让人一看就忍俊不禁。

好奇心旺盛的“孩子”，喜欢撒娇、喜欢社交的另一面，就是喜欢淘气的秉性。要防止它们涉足危险领域。

在日本，专门为芒奇金猫出版过写真集，不少名人都选择芒奇金猫作为宠物。不仅人气高，还很容易饲养。

玳瑁三花

巧克力银斑纹

蓝色重点色和白色

被称为“拿破仑”的短腿猫

拿破仑猫

Minuet

比起长毛，短腿更引人注目

不亚于波斯猫的浑圆身体，从长毛毛里探出来的小脚尖让它们可爱倍增。被毛柔软，属于浓密的双侧结构，需要每日梳毛。

黑色和白色

棕色斑纹和白色

拥有各种颜色的短腿猫

黑色、白色、纯色、斑纹、三花、金吉拉银色和喜马拉雅猫的重点色等，似乎每个个体都有自己与众不同的颜色。

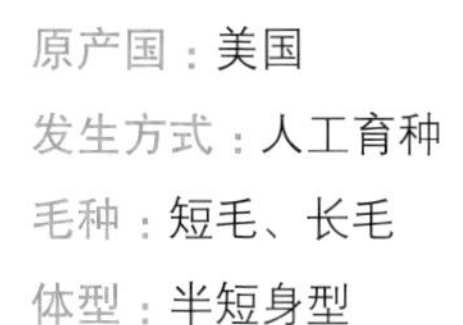

原产国：美国

发生方式：人工育种

毛种：短毛、长毛

体型：半短身型

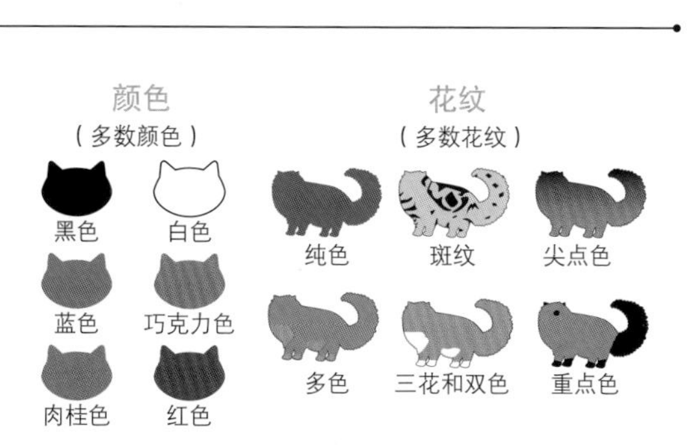

深受短腿魅惑的繁殖业者

原本拥有“拿破仑”这种威风凛凛的名字，但从 2015 年以后改名为“米努特猫”。这样一来，名字更加能体现出它们自身外形的可爱风格了。这是一个崭新的品种，由波斯猫、喜马拉雅猫、异国短毛猫等波斯猫系的猫，和拥有“猫界跑车”之称的芒奇金猫交配而来。繁殖它们的主人——约瑟夫·史密斯，本来从事的是犬类繁殖业。作为一个短腿犬的爱好者，他知道猫里面也有小短腿的品种。当时有把天生长腿的小猫扔掉的习惯，所以他下定决心培育出短腿的猫种。这就是米努特猫的由来，现如今它们的育种计划还在进行着，在日本尚属珍稀品种。

黑色和白色

小短腿和小碎步

鼻子短，腿也短，米努特猫走起路来的可爱样子简直无“猫”可比。芒奇金猫生性好玩儿、身手矫健，波斯猫生性沉稳、行事沉着，米努特猫综合性地继承了它们的特点。

热情友好，对人几乎完全没有戒心。家里要是来了客人，它们很有可能会主动走上前去自我介绍。小时候跟芒奇金猫的性格很接近，不少个体都拥有旺盛的好奇心和淘气精神。主人需要准备利于运动的环境,减少猫咪的心理压力。成熟以后，才能散发出波斯猫那种处变不惊的沉着气质。

有长毛，也有短毛，长毛的个体毛发柔软，需要频繁梳毛和定期淋浴。

海豹环纹和白色

红色

海豹重点色和白色

浣熊一样的猫界巨人

缅因浣熊猫

Maine Coon

能抵御极寒的被毛

缅因浣熊猫的被毛能抵御北美地区极端的严寒天气。肉垫之间长有毛发，这是一种具有防水功能的上被毛，能让它们在雪中行动自如。

蓝色古典斑

白色

红斑和白色

充满魅力的蓬松大尾巴

有各种颜色和花纹。腹部和后足的被毛较长，尾巴像小浣熊一样蓬松粗壮。耳朵上有装饰毛，宛如小精灵一样。

世界上最大型号的猫种

作为身材最高大的猫咪，它们的体重可以超过 10 公斤，主人抱起来的时候有一点点辛苦。吉尼斯世界纪录中对该猫种有记录，体重 15.42 公斤，身高 118.33 厘米。

原产国：美国

发生方式：自然发生

毛种：长毛

体型：长而坚实型

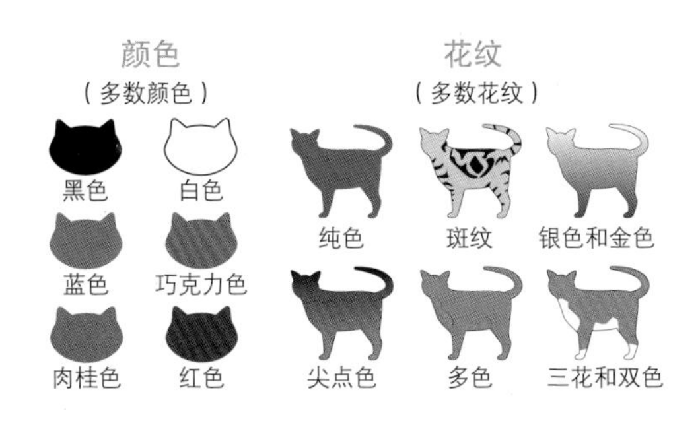

它们的传说充满传奇色彩

缅因浣熊猫这个名字中的“浣熊”，就是我们知道的那个小浣熊（raccoon），据传它们是浣熊和野化家猫的后代。从生物学的角度说，这是不可能的，只是因为它们的狩猎习惯和酷似浣熊的棕色虎斑，才被冠以这样的名字。还有人说，当年玛丽·安托瓦内特（Marie Antoinette）在逃亡的路上不慎走丢的爱猫独自抵达了美国的缅因州。其中最有说服力的说法是，缅因浣熊猫实际上是北美农场的原生猫和欧洲的长毛猫种繁衍出来的后代。

缅因浣熊猫很早就出现在了美国的猫展中，获得了很高的人气。现在，缅因浣熊猫在日本也非常受欢迎，比较常见。

银色补丁鲭鱼斑纹和白色

生性温柔，力量强大

身长可超过 1 米的超大型猫咪，它们尾巴和胡须的长度也被记录在吉尼斯世界纪录当中。虽然身材魁梧，但是叫声却又高又尖，好像是从喉咙里发出来的。缅因浣熊猫出生在寒冷的地区，在严苛的环境中繁衍生息，身体健壮。

它们非常聪明，爱玩爱闹，容易管教。主人一声召唤，它们就会像瞬移一样飞奔过来。大多数缅因浣熊猫喜欢捡球的游戏，常被人说成“像小狗一样”。学得会开门和开水龙头，这种聪明让人赞叹，但主人一定要做好充分的防范措施，同时从小好好管教。

红斑纹

蓝银斑纹

棕色补丁斑纹和白色

色彩缤纷的布娃娃

褴褛猫

Ragamuffin

原产国：美国

发生方式：人工育种

毛种：长毛

体型：长而坚实型

颜色

（所有颜色）

黑色 白色

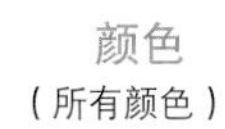

蓝色 巧克力色

红色 乳黄色

花纹

（多数花纹）

纯色 斑纹 银色和金色

尖点色 多色 三花和双色

在各种偶然当中诞生的“淘气包”

这种长得有点儿像布偶猫的猫种，叫作褴褛猫，它们的诞生之路充满各种巧合。20 世纪 60 年代，波斯猫饲养员新繁育出来的猫咪神似布偶猫，它们身着海豹重点色的长毛。然而，当时有很多猫舍主人反对把这个猫种的育种权投入商业用途，于是他们让这些小猫和波斯猫、伯曼猫、喜马拉雅猫交配，这才繁育出了我们现在看到的褴褛猫。也就是说，猫舍主人之间的意见冲突，孕育了这个美丽可爱的猫种。

“Ragamuffin”这个名字的原意是“顽皮的孩子”“衣衫褴褛的人”，爱好者们半开玩笑地给这个品种起的名字，竟然被原封不动地注册了。

宛如布偶一样的猫

布偶猫

Ragdoll

松松软软的中长毛发

大多数布偶猫个体都有重点色，例如眼睛周围、耳朵、尾巴和脚是焦糖色或蓝色的重点色，身体则是白色等浅色调。被毛长度适中，尾巴蓬松。很像布偶玩具。

蓝色重点色

蓝色玳瑁重点双色

刚出生的时候是小白猫

与大多数继承了缅因猫基因的品种相同，布偶猫刚出生时是纯白色的，伴随着成长才显示出各种不同的重点色。整个过程大概需要2年的时间，所有的颜色才能充分体现出来。

优雅美丽的魅力

身材高大，个别雄猫的体重可以超过10公斤。被毛浓密，比褴褛猫更加魁梧、更加威风。被毛柔顺，不容易打结，而且脱毛很少，易于打理。

海豹重点双色

原产国：美国

发生方式：人工育种

毛种：长毛

体型：长而坚实型

颜色

（多数颜色）

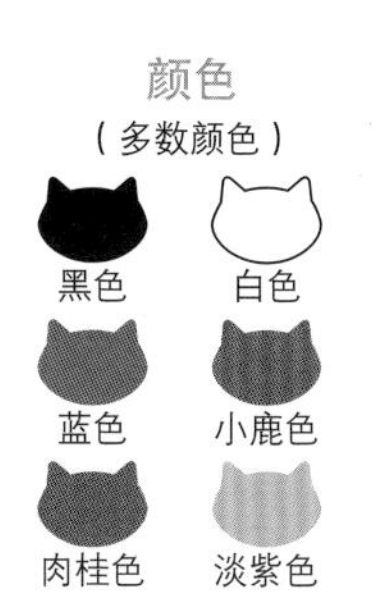

黑色 白色

蓝色 小鹿色

肉桂色 淡紫色

花纹

（仅一部分）

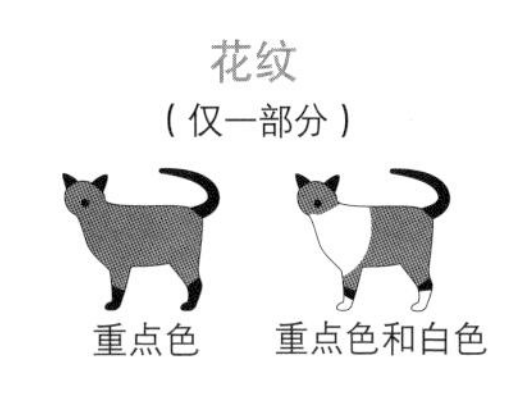

重点色 重点色和白色

波斯猫和缅因猫的后代

20 世纪 60 年代，一位美国加利福尼亚州的饲养员让波斯猫和伯曼猫、缅甸猫交配，繁育出了长毛蓝眼的新品种，它们的身上带着美丽的海豹重点色。

布偶猫是体形较大的猫种之一，从小猫到成年通常需要 3~4 年的时间。顾名思义，布偶猫长得像个毛绒玩具，每一只的性格都非常温柔。因其性格沉稳，喜欢被人抱在怀里，被人们亲昵地称为“蓝眼睛的毛绒猫”。它们服从主人，可以与其他猫咪或动物和睦相处，适合在室内饲养。但成年以后往往存在运动量不足的问题，因此多陪伴它们玩耍吧。

蓝色重点双色

就是想要抱抱的猫咪

波斯猫、伯曼猫、喜马拉雅猫几经交配之后诞生出的布偶猫，拥有非常优雅的配色和优美的形象，被称为“猫中泰迪熊”。

喜欢撒娇，性格稳重，非常喜欢贴在主人身边，更喜欢被主人抱在怀里。

聪明，对主人的服从性很高，有耐心。擅长与客人、儿童和其他动物保持协调的关系，可以多只饲养。与那些攀高、爬猫塔等单人游戏相比，更喜欢和主人一起做互动性的游戏。对玩具感兴趣，因此主人要多陪它们做游戏。

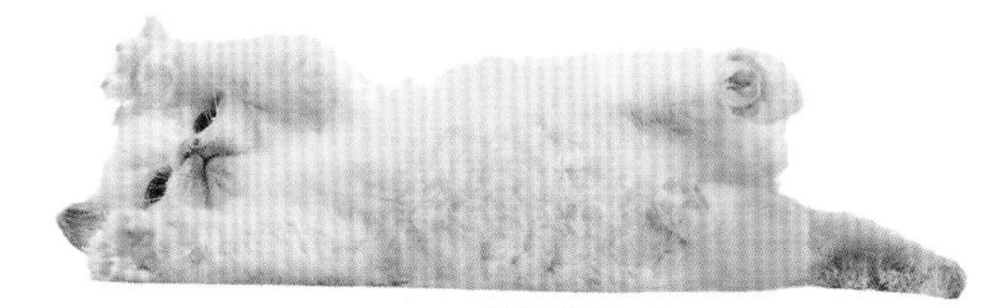

蓝色重点双色

蓝色重点双色

悄悄风靡起来的卷毛猫

拉邦猫

LaPerm

蓝色

像棉花糖一样的被毛

卷曲的被毛非常柔软，每一步都婀娜多姿。单层被毛，掉毛少，轻轻梳梳毛就足够了。小心不要用力拉扯卷毛，以防猫咪受伤。

色彩缤纷的卷毛种类

巧克力色、银色、淡紫色等，每一种颜色都得到了官方认证。刚出生时被毛还很稀疏，1 年多以后被毛才能长好。

红色环纹和白色

玳瑁色

长毛品种里的天生自来卷

一身卷毛富有弹性，弯曲程度各异，从卷曲到波纹都有。下颚到脖子之间的毛发特别浓密，尤其是那些长毛品种，看起来好像戴了一条毛茸茸的大围巾。

原产国：美国

发生方式：突然变异

毛种：短毛、长毛

体型：半外国型

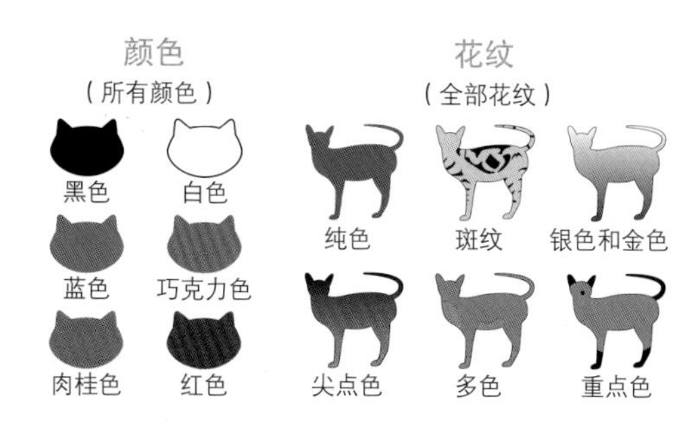

突然变异而来的小卷毛

1982 年，在美国俄勒冈州的农民科尔夫妇家中，出生了一只毛发稀疏的小猫。没想到的是，小猫慢慢长大以后，竟然出现了一身卷毛。于是，科尔夫妇给这只小猫起名为卡利（Curly）。这只叫卡利的小猫，后来又生了很多小猫。它们同样天生毛发稀疏，长大以后变成了一身卷毛。这些意料之外的卷毛猫的数量不断增加，最终吸引了附近猫舍主人的注意，并随之人气暴增。这才让科尔夫妇决心开始育种。

研究表明，这些猫与雷克斯系列的卷毛猫并没有血缘关系，只是突然变异出了显性的卷毛基因。后来，人们又让拉邦猫与欧西猫和缅甸猫交配，最终确立成了新的猫种。

人人喜爱的卷毛温柔小猫

拉邦猫的好奇心旺盛，非常聪明，是个猎人气质明显的行动派。对于自己想要的东西，有能力自己想办法弄到手。它们就像是淘气的孩子，突如其来的行动会惹得人们哑然失笑。但主人一定要做好充分的防范措施，避免它们进入危险区域。非常喜欢主人，像小狗一样围着主人转圈圈，偶尔也会爬到主人的肩上看热闹。它们情感丰富，容易管教，应该可以成为理想的小伙伴。有短毛品种，也有长毛品种，被毛均属于一种被称为“吉普赛粗毛”的单层结构，不易打结，每天梳一次毛就可以。

乳黄色　　红色

小卷毛的芒奇金猫

羊羔猫

Lambkin

原产国：美国

发生方式：人工育种

毛种：短毛、长毛

体型：半外国型

颜色

（多数颜色）

黑色　白色

蓝色　巧克力色

红色　乳黄色

花纹

（多数花纹）

纯色　斑纹　银色和金色

尖点色　多色　三花和双色

像小羊羔似的一身蓬松的卷毛

培育出了金卡洛猫的芒奇金猫饲养员特里·哈里斯（Terry Harris）有一天突发奇想，希望再培育出一种“卷毛的芒奇金猫”。他让芒奇金猫和塞尔柯克雷克斯猫交配之后，生出了一只小短腿、小个头的可爱卷毛猫咪。他给这只小猫取名为“羊羔猫”。

羊羔猫继承了芒奇金猫的好奇和调皮，也继承了塞尔柯克雷克斯猫喜欢撒娇的个性。善于社交，就算家里常常人来人往，或者其他猫咪已经先行入住了，也很容易饲养。虽然腿短，但是拥有敏捷的跳跃力。可以在家里安装一个猫塔，创造可以运动的环境。

闪耀的蓝宝石

俄罗斯蓝猫

Russian Blue

宝石一样的眼睛

翡翠绿的瞳孔。俄罗斯蓝猫的身体只有一种颜色，只能从眼睛的颜色进行个体的区别。

炯炯有神的目光充满魅力

炯炯有神的目光和俄罗斯蓝猫自带的眼线搭配在一起，让它们看起来更加锐气逼人。

随着光线变化的闪耀被毛

被毛的触感类似天鹅绒，只有银色一种颜色，在不同光线下反射出深浅不一的光辉。眼眸的翡翠绿有点儿接近异国短毛猫，美如宝石。

蓝色

原产国：俄罗斯

发生方式：自然发生

毛种：短毛

体型：外国型

颜色
（仅蓝色）

蓝色

花纹
（仅纯色）

纯色

生于俄罗斯的“大天使猫”

俄罗斯蓝猫本就是栖息在俄罗斯境内。它们历史悠久，据说最早出现在俄罗斯西北部的阿尔汉格尔斯克港（又名为“蓝天使”港），但并没有确凿的证据。可以肯定的是，19 世纪 80 年代，它们以“大天使猫”的名字在英国猫展闪亮登场。它们受到俄罗斯沙皇和英国维多利亚女王的宠爱，在民间也被大量繁殖。可惜的是，第二次世界大战带来的粮荒让俄罗斯蓝猫的数量骤减。战后，幸存的蓝猫与暹罗短毛猫和英国短毛猫交配，由此诞生了我们现在看到的俄罗斯蓝猫。

自尊心强，性格随心所欲

被誉为猫界宝石的俄罗斯蓝猫拥有美丽的外形，对自己认可的人会像狗一样忠诚。但是，它们也拥有非常强烈的自尊心，常常体现出随心所欲的性格特征。

擅长在提前确认环境后挑战和冒险，所以不太会发生身陷囹圄的窘境。一旦从心里接受了对方就会用情至深，想要不断地从爱的人身上获得更多的爱意和关注，这也算是一个可爱的特点吧。大多数个体喜欢聊天，声音虽小但喋喋不休。同时，它们也会留意倾听主人的声音。

个性独立，可以长时间独处。但主人回家以后，它们会非常开心，有一点点闷骚的倾向。可以说，俄罗斯蓝猫把猫咪的性格特点发挥得淋漓尽致。

蓝色

蓝色

同样可爱的杂交小猫

第三章

越了解越可爱的
猫咪冷知识

稀有猫种

还有很多很多我们没有介绍的猫种。
这些猫咪在日本几乎见不到，
运气好的话可能会在猫展上一睹芳容。

美国刚毛猫

生于纽约的硬毛猫。有各种颜色和花纹。它们是喜欢做游戏的小甜心。

威尔士猫

生于马恩岛的长毛无尾猫。前脚短，走起路来像小兔子一样蹦蹦跳跳，非常可爱。

雪鞋猫

偶然的机会，暹罗猫生出了踏雪小奶猫，它们后来成长为单独的品种。因为遗传基因的缺陷，属于非常稀有的品种。

袖珍猫

在俄罗斯发现的短尾猫，神似暹罗猫。在家猫当中属于身材较小的品种。

欧洲缅因猫

被从缅甸带到美国的欧式风情多色缅因猫。

长毛 / 短毛

只有些许绒毛的无毛猫，
天生自来卷的卷毛猫，
还有摇曳生姿的长毛猫，
来看看哪款最适合自己吧。

挪威森林猫，属于大型长毛种。因为起源于寒冷的国家，拥有两层被毛。

无毛猫的代表当属斯芬克斯猫。身体表面只有些许绒毛，有种绒面革的质感。我们看到的不是它的毛色，而是肤色。

拉邦猫的祖先是一种在偶然之间被发现的卷毛猫，分为短毛种和长毛种。拥有长长的脖子和小小的脑袋。

短毛种的阿比西尼亚猫。一根毛里混合着好几种颜色，越向根部颜色越深。

波斯猫属于长毛种当中毛发特别茂盛的品种。两层被毛都十分细密，需要进行人为的毛发打理。

说到短毛的卷毛猫，可不能落下康沃尔雷克斯猫。它们拥有单层被毛，掉毛少。

眼睛颜色

在阳光下发出彩虹般光芒的猫眼。
猫的眼睛颜色取决于它们身体里拥有的
黑色素量和猫种的来源。

异瞳眼，属于左右眼睛各异的猫。
多见于白猫或白色占比高的猫，
被人们认为代表吉祥如意。

蓝眼，常被称为宝石蓝和水绿色，
常见于黑色素含量低的猫身上，例
如白猫和暹罗猫。

琥珀眼。单色黄眼睛在日本猫中也
很常见。深色的个体被称为黄色，
浅色的个体被称为金色。

铜眼，常见于黑色素含量较高的个体身上。在这双美丽的眼睛里可以看见棕色或微红色的条纹。

榛子眼，眼球从外向内，由绿色到淡褐色渐变，层次分明。

绿眼，常见于俄罗斯蓝猫和呵叻猫等。

猫咪都有小近视，看到的世界与人类不同

判断静动而非颜色的眼睛

据说猫的视力大约是人类的十分之一，只能看清楚6米以内的情况。至于颜色，人类可以识别出红、绿、蓝三种颜色，但猫只能识别两种。它们生活在一个难以看到红色波长的蓝色世界里。

但是猫的动态视力非常出色。据说也正因为动态视力过于优秀，以至于在猫的眼睛里慢慢移动的物体几乎是静止不动的。猫本来就是擅长近距离捕猎，所以即使看不清颜色、看不清远方，也不会对生存造成影响。

此外，作为夜行动物，猫的瞳孔就它们的身体而言占比很大，这是为了在晚上清楚地看到周围的环境。在黑暗中，我们可以看到猫咪眼睛里发出的光，这是因为它们眼里特殊的反射器把光线反射到了视网膜上。由此，猫咪在夜里也能自由活动，畅通无阻。

人类眼中的世界

猫咪眼中的世界

热爱自己的小爪子

猫咪的小肉球造型已经被做成了各种周边产品，诱人的质感让人难以自拔。根据不同的毛发颜色，肉球的颜色有粉色、黑色、混色等。

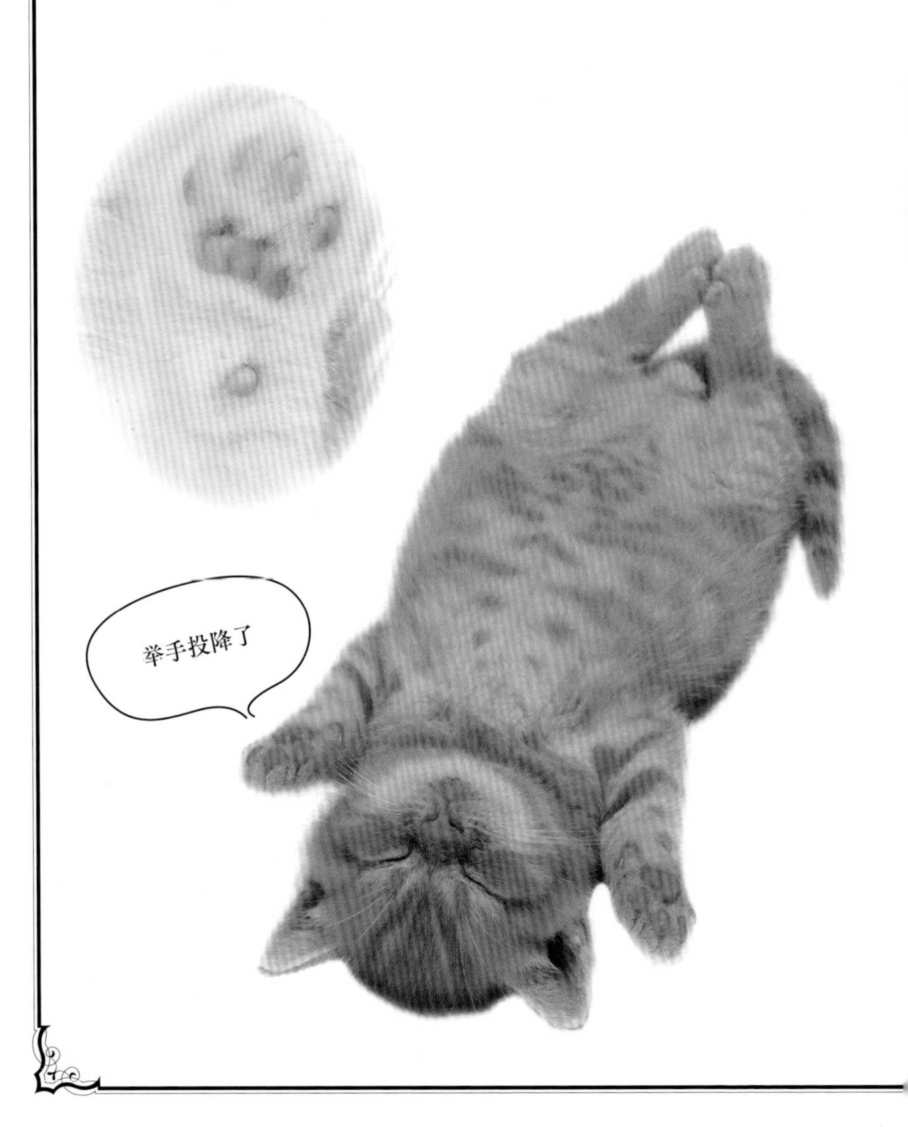

黑里透着粉
快将小肉球
藏起来
肉球里的大
千世界

粗糙的舌头是
猫科动物的证明

既是刷子又是叉子的舌头

在猫的舌头上，有一种被称为丝状乳头的小突起，朝向喉咙的方向生长，质地非常粗糙。猫咪习惯上每天都用舌头梳理毛发，这样可以保持身体表面的敏锐感觉，并有助于消除自身的气味，让它们的天敌很难注意到自己的存在。这也是猫的体味比狗小的原因。

在食用猎物的时候，这种粗糙的舌头也能大展身手。猫科动物的下颚比犬科动物的弱，它们要用灵巧的舌头把肉从猎物的骨头上剃下来。对猫来说，舌头有时是刷子，有时是刀叉。

此外，据说猫的味觉并不敏感，无法察觉咸味或甜味。它们对气味的感知要比味道更敏感。

被称为“丝状乳头”的小突起像梳子一样，猫咪每天用它来捋顺毛发。

自带胡子传感器

胡子是猫生当中
必不可少的身体部位

猫的胡子每半年脱落一次，有人把猫掉下来的胡子视为呼唤幸运的护身符。

猫的胡子叫作触须，根部连接着神经和血管。触须可以捕捉到耳朵感知不到的猎物动态，收集空气中气流的变化，并且保护面部和头部。这些近视眼的小猫咪能在暗夜中自由穿行，可少不了胡子的功劳。

猫咪的胡子围绕着脸部一圈，外沿呈圆弧形。当它们从狭窄的地方穿行而过的时候，要先把脸伸过去，用胡子量一量是否可行。只要胡子碰不到两边，整个身体就能顺利通过。请不要轻易修剪这个重要的传感器哦。

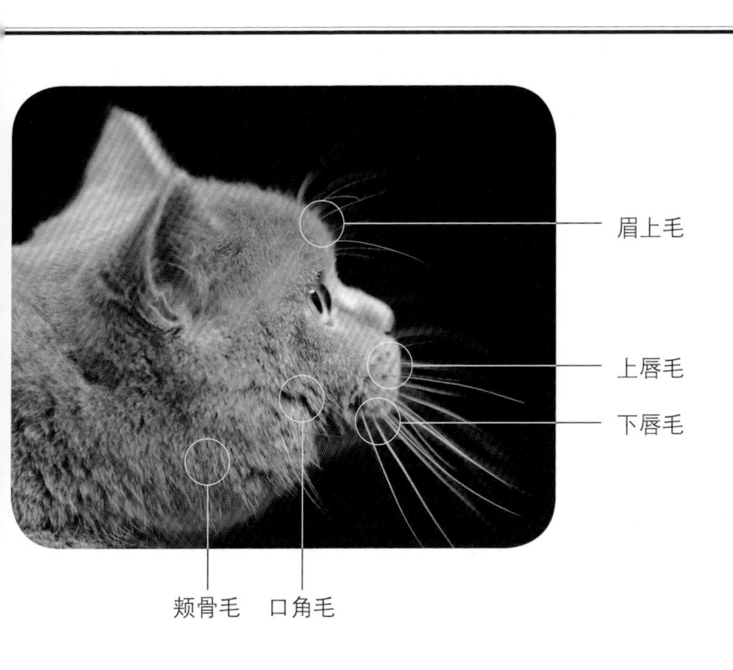
眉上毛
上唇毛
下唇毛
颊骨毛
口角毛

猫的情绪表达

猫虽然不会说话，但是表情丰富。
耳朵、眼睛、尾巴，都是它们表达情感的渠道。

尾巴与地面一平，或向下伸展。尾巴没用力的时候都是平常心。

耳朵平行于地面，尾巴左右大幅摇动，这是不开心的表现。

耳朵下垂，尾巴夹入后腿间，这是正处于极度不安或恐惧当中的表现。

尾巴向上直立，是心情大好的表现。耳朵略微下垂、瞳孔打开的时候，就是在向你示好。

尾巴尖小幅摆动，对某物感兴趣或正在思考。

表达愤怒的时候，确认对方为敌的时候，耳朵会向外翻，尾巴炸毛倒立。

猫咪的叫声

猫咪的叫声里大有学问，各种叫声代表不同的行动、情感和要求。它们可以有选择地在开心时咕噜咕噜，在面对猎物时咳咳咳。

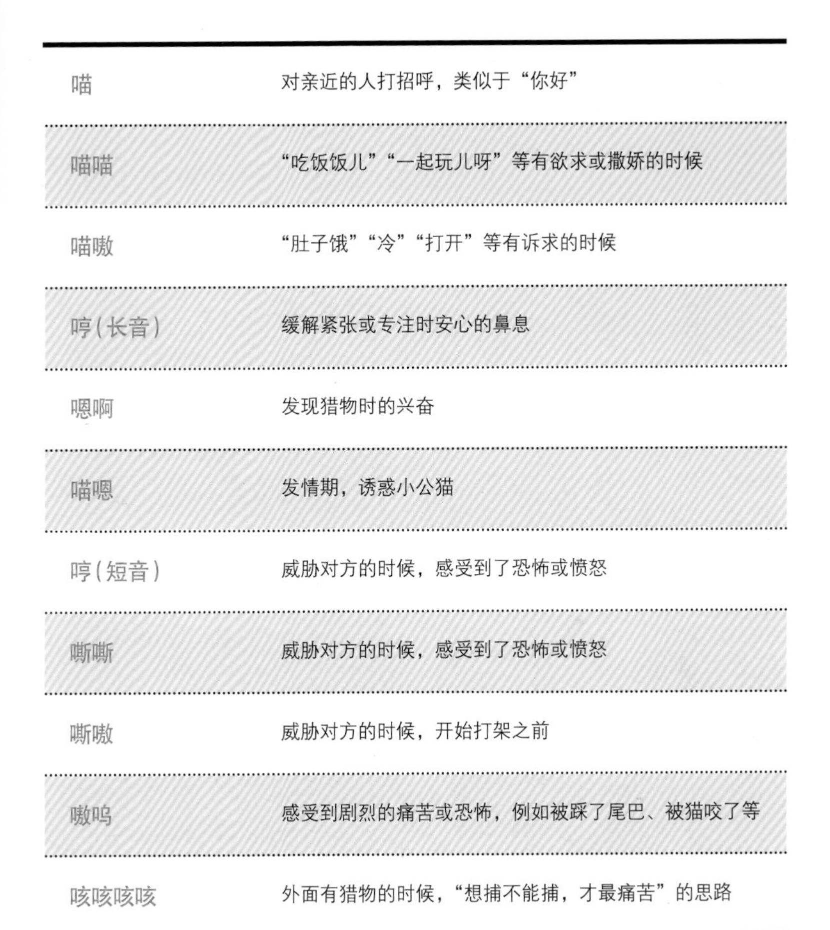

喵	对亲近的人打招呼，类似于“你好”
喵喵	“吃饭饭儿”“一起玩儿呀”等有欲求或撒娇的时候
喵嗷	“肚子饿”“冷”“打开”等有诉求的时候
哼（长音）	缓解紧张或专注时安心的鼻息
嗯啊	发现猎物时的兴奋
喵嗯	发情期，诱惑小公猫
哼（短音）	威胁对方的时候，感受到了恐怖或愤怒
嘶嘶	威胁对方的时候，感受到了恐怖或愤怒
嘶嗷	威胁对方的时候，开始打架之前
嗷呜	感受到剧烈的痛苦或恐怖，例如被踩了尾巴、被猫咬了等
咳咳咳咳	外面有猎物的时候，“想捕不能捕，才最痛苦”的思路

运动神经发达的猫咪

身体柔韧，可以做出各种动作，
随心所欲地蹦蹦跳跳。
作为小猎人，动作优美而精准。
在宠物类动物中，
属于运动神经的佼佼者。

快来
我抓
向后翻腾两周转体三周

卷尾端坐

狮身人面像坐

道歉睡

坐坐猫，趴趴猫

猫咪有独特的坐法和躺法。
比方说尾巴卷在脚下的规整坐姿，
和放松时的端小手。什么姿势都很可爱，
来看看坐姿和躺姿小集锦吧。

猫头小丸子

端小手

看我把自己团起来

一只小猫的成长

很多人常说“小猫一瞬”。是呀，猫的成长就在转瞬之间。开始的时候几乎全天都在睡觉，不知不觉间开始活蹦乱跳。来看看小天使们1个月里的成长记录吧。

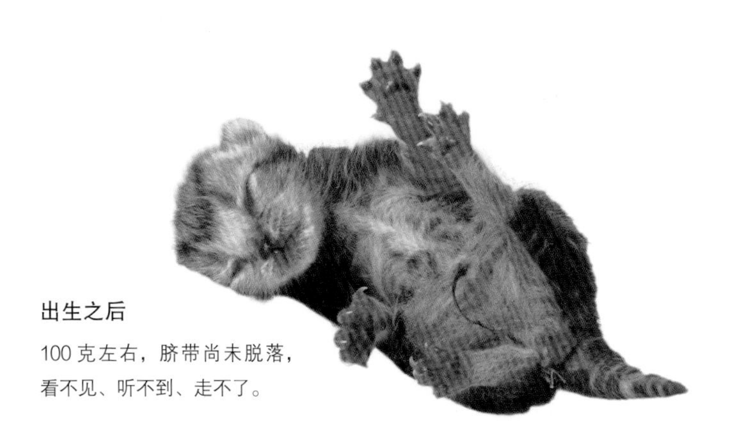

出生之后

100 克左右，脐带尚未脱落，看不见、听不到、走不了。

出生后第 11 天

睁开了眼睛，开始努力尝试站起来。每天要睡 20 小时以上。

出生后第 21 天

耳朵能听见声音了，开始长牙，可以独立行走了。

出生后 1 个月

还是小奶猫的样子，但是已经可以跟兄弟姐妹们玩耍了。开始准备离乳食了。

只要有小猫

小猫在旁，笑容就会爬上我们的脸庞。
走路也好，睡觉也好，喵喵叫也好，淘气也好……
真是让人爱不释手！面对这些小家伙，
爱猫的人也只能放弃抵抗了吧。

夏特尔猫

波斯猫

孟加拉猫

索马里猫

苏格兰折耳猫

布偶猫

塞尔柯克雷克斯猫

孟加拉猫

芒奇金猫

斯芬克斯猫

喜马拉雅猫

挪威森林猫

美国卷毛猫

日本短尾猫

塞尔柯克雷克斯猫

亲子时光

不想被任何人打扰的亲子时光。
有的孩子跟妈妈的颜色和花纹一模一样，
有的孩子却完全像抱错了一样……
带着猫妈妈的爱心，快快长大吧！

拉邦猫

挪威森林猫

美国卷毛猫

1 周岁的时候
就差不多成年了

世界最长寿的猫
竟然相当于人类的 168 岁！

小猫从出生后 3 个月开始快速发育，2 岁时身体的发育就可以媲美人类 24 岁的程度了。从这时候开始，猫生的 1 年，相当于人生的 4 年。但是大型猫有少许差异，它们成长的时间要更长一些。也就是说，1 岁是幼猫，7 岁是成猫，再往后就是老龄猫了。很多猫在 7 岁以后会出现行动不便的问题，所以需要尽量避免肥胖的问题。过了 10 岁，更要对健康格外关注。

猫的平均寿命大约是 15 岁。据说能达到 20 岁高寿的猫咪多为雌猫。生活在美国得克萨斯州的 Puff 在 38 岁的时候去世，它可是吉尼斯世界纪录中寿命最长的猫了。要是换算成人类的年龄，相当于人类的 168 岁！

猫与人的年龄换算表

猫	人
出生后1周	1个月
出生后2周	6个月
1个月	1岁
3个月	4岁
6个月	10岁
1岁	15岁
2岁	24岁
3岁	28岁
4岁	32岁

猫	人
5岁	36岁
6岁	40岁
7岁	44岁
8岁	48岁
9岁	52岁
10岁	56岁
12岁	64岁
15岁	76岁
21岁	100岁

猫喜欢的玩具

看到玩具就会化身小猎人的猫咪。
看着它们“志在必得”的样子，真让人忍俊不禁。
用各种各样的玩具跟小猫们来做游戏吧。

玩具的种类千千万

你要去哪儿
就是你啦
决不松口

如何拍出好看的猫咪照片

配合猫咪的视线，最好两人配合拍摄

当一只可爱的小猫出现在面前，你一定会毫不犹豫地拿出手机拍照吧。但是不是很难拍出让自己称心如意的效果呢?

拍出好看猫咪照片的最好方法，是“避免从猫咪上方靠近，摄像头尽量在与猫咪同高的位置上”。这时候猫咪不太会产生戒备心理，能让我们拍到猫咪视角的照片。另外，如果在光线强烈的地方拍照，猫咪的瞳孔会变窄，容易给人一种狡黠的印象。所以如果在白天摄影，室内比室外好，雨天或阴天比晴天好。

每当我给小猫拍摄照片的时候，我都会邀请擅长照料猫咪的资深工作人员来配合，让工作人员与猫咪随意玩耍，而我就在取景器后面捕捉猫咪最漂亮的姿势。用手机拍摄的时候，也可以这样让家人或朋友拿着玩具跟小猫做游戏。这样，我们既不会错过按快门的时机，也能从不同角度捕捉到猫咪可爱的瞬间。

如果这样还是不能让你满意，那就试试直接拍摄视频的方法吧。拍一段视频，然后从中剪辑你最喜欢的画面。大家可以试试各种不同的方法。

不用自己养猫
也能见到猫的地方

喜欢小猫，但是因为家庭或工作的原因不能养小猫的人，可以在这样的地方和小猫一起玩耍。

例如神奈川县江之岛或爱媛县的青岛等处，都是出名的猫岛。东京谷中银座，也是个以猫咪众多而闻名的地方，夏目漱石撰写的《我是猫》的故居就在这条街上。还有很多著名的猫咖啡,最近还流行起以“珍惜猫种”为核心成员的“珍惜猫咖啡”。如果你想养猫，却又不知是否能承担起这份责任，或许可以试试先成为这些咖啡店里的猫咪的养父母。

如果你想观摩纯种猫，推荐你来 TICA 或 CFA 主办的猫展看看。猫展的入场券价格亲民，大城市里每个周末都会开展。

Mont-Saint-Michel
Mont-Saint-Michel
Mont-Saint-Michel

猫咪花纹词汇表

猫咪身上的花纹多种多样，
此处仅选取本书中常见的几种花纹进行介绍。

古典斑纹
Classic tabby

特点是像漩涡一样的大条纹图案，在肩部呈蝴蝶翅膀状铺开（蝴蝶斑）。以美国短毛猫为代表。

细纹斑纹
Ticked tabby

只有一种条纹，但一根毛上有 2 种以上的颜色。从不同角度观察，可看到光泽和颜色发生微妙的变化。以阿比西尼亚猫和索马里猫为代表。

鲭鱼斑纹
McCarrel Tabby

“McCarrel”意为鲭鱼，顾名思义，这种斑纹类似鲭鱼的条纹。通常指虎纹，常见于小狸猫、大橘猫等日本猫身上。

点斑
Spotted Tabby

好像条纹图案从中间断开，分成了若干斑点。常见于欧西猫和孟加拉猫。

真斑斑纹
Agouti Tabby

一根毛发上交替存在深浅不同的毛色，整体呈现出若隐若现的细条纹。具有代表性的典型品种为新加坡猫的“环纹”毛色。

尖点色
Tipped

毛尖上有颜色。按照毛尖颜色的深浅可以分成“烟熏”“阴影”“金吉拉”。

金吉拉
Chinchilla

“尖点色”当中的一种，常见于波斯猫。“金吉拉银”和“金吉拉金”都属于一种被称为“金吉拉”或“金吉拉波斯”的猫种。

海豹重点色
Seal point

面部和身体的毛发尖端是接近黑色的棕色，常见于暹罗猫。属于典型的重点色花纹。“海豹”指的就是海里的“海豹”。

玳瑁重点色
Tortie Point

重点色花纹当中的一种，重点色里包含橙色和黑色。脚尖等位置如果有白色，就是“玳瑁重点色 + 白色”。

猞猁重点色
Lynx point

属于重点色的一种，只是在重点色当中还包含着条纹。如果脚尖等位置还有白色，就是“猞猁重点色 + 白色”。

加白色
Spot

花纹中有白毛的部分。白色面积大的叫作“梵色（Ban）”，白色与其他颜色面积接近的叫作“双色（Bicolor）”，只有嘴巴和脚趾是白色的叫作“手套（Mitted）”。

三花
MIKE

拥有白色、黑色、橙色这3种颜色的猫咪。受遗传因素的影响，三花猫几乎都是雌猫。它们在国外也非常有名气，被人们称为“MI-KE”。